Concepts of Environmental Law I:
From a Human Perspective

環境法の考えかた Ⅰ

――「人」という視点から

六車 明
Akira Rokusha

慶應義塾大学出版会

You can learn about Environmental Law from this book.
The Environment is around you every day, everywhere.
Law can offer you a remedy when you suffer from environmental damage.
The Editor and I hope you will enjoy it.

Akira Rokusha

Akira Rokusha,
Concepts of Environmental Law I: From a Human Perspective
Keio University Press, 2017

はしがき

この本は、環境法の考え方を社会で生きておられる方々にひろく知っていただきたいと思って書いたものです。私は、裁判官などの法の現場を21年、そのあと、大学というところで20年近く、法の考えかたというものにとりくんできました。

「環境」ということばは、ひろい意味をもっています。それは、私たちをとりかこんでいるものです。ここで私たちというのは、あなた自身であり、あなたの家族、友人、そして道ですれちがう人、1人1人の個性をもった人間のことをいっています。その人をかこんでいるものが「環境」です。

環境法にかぎらず、法というものは、何のためにあるのでしょうか。誰のためのものなのでしょうか。それは、まず、あなた自身のためのものです。あなたが何かでこまっているとき、最後にまもってくれるものが法なのです。だから、環境法は、あなたをとりまいているもので、こまったことがおこっているとき、どうしたらよいかおしえてくれる、そういうものなのです。

この本が、環境や法のことをあなたが考えるきっかけになることを、編集をしてくださった岡田智武さんとともに祈っています。

2017年2月

六車　明

目　次

第２章　そううつ・うつと環境法の問題

第３章　認知症の人に向ける環境法の目

序 章

環境法の考えかた

1 環境問題のとらえかた

法の考えかたからすると、環境は、どのようなものだろうか。1993年（平成5年）に制定された環境基本法は、環境についての基本理念と環境政策を定めているが、環境の定義はしていない。そこで、生活環境、自然環境、あるいは地球環境といわれているものが、社会のなかでどのようにあらわれているのかということを考えてみたい。

人間は、その活動によってさまざまな物質を出してきた。自然の浄化する力は、これを長い間受け入れてきた。しかし、科学技術の発展により人間活動が活発化し、大量生産の時代に入ると、生産から消費までに環境に投入される物質の量が増加し、浄化のスピードがおいつかなくなった。それに、浄化することができない化学物質もでてきた。そのため、環境にある有害な物質が食物などをとおして人間の体内に入ってくるだけでなく、その生態系に与える影響によって将来の人類の存在が危うくなってきた。

1972年（昭和47年）6月にスウェーデンのストックホルムの国連人間環境会議で採択された人間環境宣言は、次のように警告する[*1]。

「われわれは歴史の転換点に到達した。いまやわれわれは世界中で、環境に対する影響をより慎重に考慮して、行動しなければならない。無知、又は無関心であるならば、われわれは、われわれの生命と福祉が依存する地球上の環境に対し、重大かつ回復不能な害を与えることになるであろう」(宣言6から)

「生態系に重大又は回復不能な損害を与えないように確保するために、有害物質又はその他の物質の排出及び熱の放出について、それらを無害にする環境の能力を超えるような量又は濃度で行うことは、停止されなければならない」(原則6から)

わが国では、1960年代ころから企業の工場等から大量かつ集中的に出される有害な物質により、周辺住民の健康が著しく害され、ときに生命を奪われる産業公害が発生した。1960年代後半から裁判所に係属した4大公害訴訟の事例はいずれもこうした性質をもつ。1967年(昭和42年)には、公害対策基本法(1970年・昭和45年法律第132号による改正前の公害対策基本法1条)が制定されたが、1970年(昭和45年)には、公害国会で、生活環境の保全と経済の発展との調和条項(1条2項)が削除されるとともに、同条に「国民の健康で文化的な生活を確保するうえにおいて公害の防止がきわめて重要であることにかんがみ」との文言が入った(1970年・昭和45年法律第132号)。生活環境の保全のとらえかたや経済発展との関係を根本的に改めた。

工場の操業による公害の被害は、消滅しているわけではないが、1980年(昭和55年)ころから、ふつうの生活から発生する排水、排出ガス、廃棄物などに含まれている有害物質が問題となった。これらの物質の排出が継続することにより、将来、人の健康や、生態系の被害の発生のおそれがあるが、結果の発生が必ずしも科学的に証明されているわけではないことについて、どのように対応したらよいのか。このまま蓄積がすすんだり、ほかの物質と複合した影響が

生じ、回復不可能な被害が生じるおそれがあり、その前に対応をしなければならない。このような問題は、一般的に環境リスクと呼ばれている。例えば、廃棄物処分場は、法に従って適正に管理をしていたとしても、将来、環境を破壊するかもしれないのである。

環境を保つためには、汚染を防ぎ除かなければならない。その費用の負担はどうなるのか。1972年（昭和47年）の「環境政策の国際経済面に関するガイディングプリンシプル」というOECD（経済協力開発機構）の理事会勧告は、汚染者負担原則（polluter-pays-principle: PPP）を示している。環境を守るための費用は汚染者が負担すべきであるというものである。環境が受け入れる能力は無限ではない。生産や消費活動に使えば、悪化する。そこで生じる費用をそのまま物の値段に加え、政府の補助金を禁止する。

環境と開発に関するリオ宣言は、ストックホルム宣言からちょうど20年がたった1992年（平成4年）6月にブラジルのリオ・デ・ジャネイロで開催された環境と開発に関する国連会議で発表された。「開発の権利は、現在及び将来の世代の開発及び環境上の必要性を公平に満たすことができるように行使されなければならない」（原則3）、「持続可能な開発（sustainable development）を達成するために、環境保護は、開発過程の不可分の一部をなし、それから分離して考えることはできない」（原則4）とされた。

持続可能な開発という考えかたは、1986年（昭和61年）に作成されたWCED（環境と開発に関する世界委員会）の法原則宣言（環境保護と持続可能な開発のための法原則に関する環境法専門家グループの最終報告書）において唱えられた。その意味は、「将来の世代の必要と欲求を満たす能力を損なうことなく、現在の世代に利益を与えるように管理した開発」とされている。汚染者負担の原則は、リオ宣言（原則16）に取り入れられた。

リオ宣言の翌年である1993年（平成５年）、日本では環境基本法が制定された。この法律の目的は、通常の人間活動を原因とするものにより広がった環境負荷や、自然環境の保護、地球環境問題にも総合的に取り組むことにある。環境基本法は、環境というものを定義していないものの、環境のとらえかたを示している。

３条は、「環境の恵沢の享受と継承等」という見出しのもとに、「環境の保全は、環境を健全で恵み豊かなものとして維持することが人間の健康で文化的な生活に欠くことのできないものであること及び生態系が微妙な均衡を保つことによって成り立っており人類の存続の基盤である限りある環境が、人間の活動による環境への負荷によって損なわれるおそれが生じてきていることにかんがみ、現在及び将来の世代の人間が健全で恵み豊かな環境の恵沢を享受するとともに人類の存続の基盤である環境が将来にわたって維持されるように適切に行われなければならない」と規定する。ここでは、環境は健康で文化的な生活に不可欠なものとして位置付けられること、生態系が微妙な均衡を保つことによって成り立っていることが重要であること、環境の恵沢を享受する主体には将来の世代の人間が含まれることを明らかにしている。

４条は、「環境への負荷の少ない持続的発展が可能な社会の構築等」という見出しのもとにおいて、「環境の保全は、社会経済活動その他の活動による環境への負荷をできる限り低減することその他の環境の保全に関する行動がすべての者の公平な役割分担の下に自主的かつ積極的に行われるようになることによって、健全で恵み豊かな環境を維持しつつ、環境への負荷の少ない健全な経済の発展を図りながら持続的に発展することができる社会が構築されることを旨とし、及び科学的知見の充実の下に環境の保全上の支障が未然に防がれることを旨として、行われなければならない」と規定す

る。ここでは、環境のことを考えた望ましい社会の具体像が、「健全で恵み豊かな環境を維持しつつ、環境への負荷の少ない健全な経済の発展を図りながら持続的に発展することができる社会」であることを明らかにしている。「持続的発展」の部分は、リオ宣言の原則4の「持続可能な開発」に基づいている。言葉の問題として「発展」と「開発」のちがいがあるが、英語にするとdevelopmentであり、要は中身である。そのような社会にするためには、役割分担の公平性、自主性、積極性を示すとともに、環境の保全には、環境破壊の未然防止が重要であり、そのためには、科学的知見を充実すべきことが明らかにされている。環境基本法37条の原因者負担の原則は、前述の汚染者負担原則を踏まえて規定されている。

1994年（平成6年）には、環境基本法15条1項の規定により環境基本計画が定められ、長期的目標として、循環、共生、参加、国際的取組が定められた。2000年（平成12年）には、長期目標の「循環」について、循環型社会形成推進基本法が制定された。

このように、環境法の考えかたでは、環境を破壊しないというだけではなく、もっとよい環境を作ろうといっている。1977年（昭和52年）のOECD報告が、「日本の環境政策」に環境の質への取組みがないといわれてからである。快適さとか、アメニティなどという問題である*2。

II　環境問題と法の対応

環境法の考えかたは、日本では、公害問題をめぐって、民法や行政法、刑法、国際法などがそれぞれの分野のなかで対応してきたものである。そのうち、将来の人の健康や生態系への対応については、個人の権利というよりも、公益にかかわることをいかにして保護するかという観点が重要になってきた。

このままでは対応ができなくなってきた。民法では、「環境問題は、私人に対する被害が発生しておらず、それについての高度の危険性も存在しない段階で環境への侵害をいかにくいとめるかを課題とするものであり、良い環境を維持することが重要になる。公害問題に対してはある程度有効な対応をした民法も、環境問題に対しては殆ど無力であるといわざるをえない」と指摘がされた[*3]。刑法では、「環境刑法の直面する最も重要な課題は、まさに個々の行為のみをみれば、形式犯ないし抽象的危険犯であるにすぎず、また『許された危険』であるにすぎない行為が、大勢の人間によって、長期にわたって集積されることによって将来の地球環境の破壊に至るという場合に、現在の時点でこの個々の行為を処罰することが正当化されるかどうかにある」といわれた[*4]。環境の問題は、個人の利益よりは、人類や地球という新しい利益をもとに、国家の壁を越え、世代の壁を越えて守ろう、そのためには、これまでの縦割りの環境法ではだめだといわれた[*5]。

ある法の領域が1つの分野といえるためには、その領域を指導することができる独自の原理の存在があるといわれている[*6]。

環境法の考えかたの独自の原理というものについて共通の理解はない。淡路剛久は、環境法の理念として、「人の健康の保護と生活環境の保全」、「環境権の保護」、「世代間公平の理念と具体的な表現としての『発展の維持可能性』の保障」、「国際協調とその前提としての国際間公平」をあげ[*7]、水野武夫は、環境法の基本理念として「環境権の保障」をあげ[*8]、これを実現するための理念として住民の知る権利、参加の権利をあげ、実践面のキーワードとして衡平をあげる。さらに、畠山武道は、環境法が共有すべき基本的な考え（理念）

として、主として自然保護法の分野について「環境権」、「公共信託」、「生物多様性保護」、「住民参加」を掲げている[*9]。

これらのなかで共通するものは「環境権」である。いわゆる環境権の内容は、大阪弁護士会環境権研究会の提唱によれば、「環境を破壊から守るために、われわれには、環境を支配し、良き環境を享受しうる権利があり、みだりに環境を汚染し、われわれの快適な生活を妨げ、あるいは妨げようとしている者に対しては、この権利に基づいて、これが妨害の排除または予防を請求しうる権利」とされている[*10]。しかし、環境に関する利益は、原告の個別的利益と解することが困難なので、これを私権としてとらえることは伝統的な権利の観念から大きく乖離しており、さらに、個人の財産や生命・身体への具体的被害の発生前によい環境が侵害されたことを理由とする差止を民事訴訟を利用して実現することについては、訴えの利益の存在の問題が指摘されている[*11]。

さらに根本的には、環境法学が究極的に保護しようとする対象は、人間自身におくのか、それとも人間から離れた、生態系の多様性そのものに保護する価値を認めるのかについて、認識の違いがある[*12]。環境保全の基本理念の内容を規定する環境基本法３条に関しても、「健康で文化的な生活を営む権利」としての国民の生存権から「生活環境の保全」に対する義務を導くことができるとしても、人類の生活環境ないし「人類の存続の基盤である環境」の保全に係わる義務履行については、国民の生活環境の保全におけるような限定性や明確性を欠き、同様の実効的機能も期待することはできず、このような広範囲の義務を生存権のもとに位置づけることは適当でなく、さらに、環境保全を生態系の保護として理解する場合には、保護されるべき環境は人間の生活環境でなくなる場合があり、人間がその一部に組み込まれているにすぎない生態系としての自然

レッド・データブック
(『日本の絶滅のおそれのある野生動物』)(右から1991年初版〔脊椎動物編〕、2000年初版〔改訂版8植物I 維管束植物〕、1991年初版〔無脊椎動物編〕)

環境の保護は生活環境を侵害することもありうるという指摘がされている[*13]。絶滅のおそれのある野生動植物の種の保存に関する法律は、一定の場合を除いて稀少野生動植物の個体等の譲渡等を禁止し(12条1項)違反者には5年以下の懲役刑、500万円以下の罰金刑、その併科(57条の2)、その者を雇っている法人には1億円以下の罰金刑(65条1項1号)が規定されており、処罰事例もある[*14]。この犯罪の保護法益をどのように考えるかという問題である。

このような状況のもとで、私は、環境法の考えかたというものは、どういうものであるべきなのか、ということをさがしてきた。

III ある個人にとっての法という新たな視点から

ここにある伝説のスピーチがある。

1992年(平成4年)6月11日、ブラジルのリオ・デ・ジャネイロで開かれた国連地球サミットで、世界の首脳を前に12歳のカナダ人少女セヴァン・カリス＝スズキが行ったスピーチである。全体では6分間のものであるが、その一部を読んでほしい[*15]。

「オゾン層にあいた穴をどうやってふさぐのか、あなたは知らない

でしょう。
死んだ川にどうやってサケを呼びもどすのか、あなたは知らないでしょう。
絶滅した動物をどうやって生き返らせるのか、あなたは知らないでしょう。
そして、今や砂漠となってしまった場所にどうやって森をよみがえらせるのか、あなたは知らないでしょう。
どうやって直すのかわからないものを、こわしつづけるのはもうやめてください。
ここでは、あなたたちは政府とか企業とか団体とかの代表でしょう。
あるいは、報道関係者か政治家かもしれない。
でもほんとうは、あなたたちも、だれかの母親であり、父親であり、姉妹であり、兄弟であり、おばであり、おじなんです。
そしてあなたたちのだれもが、だれかの子どもなんです」

環境の破壊をやめるよう必死に訴えかけるセヴァンのスピーチは、これまで人生を懸命に生き、環境のことを真剣に考えてきた者の声である。聴衆のなかにいたロシア前大統領ゴルバチョフや後のアメリカの副大統領ゴアを含め、このスピーチを聴いていた誰もが、セヴァンが心配して訴えていることは、わが子の訴えであると感じ、自分がセヴァンの年齢のころは今のようではなかったことに気付いたのではないか。

スピーチが終わると、聴衆はみなセヴァンをほめたたえた。セヴァンという1人の人間が感じている環境に対する視点が、例えば「ゴルバチョフ」や「ゴア」という、セヴァンと同じように家族がいる1人の人間に伝わったのではないか。そこにいるのは、12歳の少女とか政治家とかいうカテゴライズされた「人」ではなく、1人の人間としてとらえられる、ある特定の個性のある人たちである。

かけがえのない1人の「セヴァン」という人間がいて、その1人の人間が全身全霊をもって訴えかけたことが、世界の首脳の心に伝わった。セヴァンはカナダ国籍の少女であるが、地球には、さまざまなところに、さまざまな生活をしている人がいる。それらの人々は、環境について、セヴァンと同じように社会や政治に訴えたいことをもっているにちがいない。それをセヴァンのように訴えることができないだけではないか。

私たちは、さまざまな人たちとともに生きている。生まれたばかりの子ども、100歳をこえている人、そのなかには、目が見えない人もいれば、耳の聞こえない人もいる。目と耳の両方が不自由な人もいる。40代で認知症になった人もいれば、高齢になってから認知症になる人もいる。ものすごく長い間、療養所でいわれなき差別を受け続けてきたハンセン病の人もいる。精神病院では、数10年という信じられない長期間の入院生活をしている人がいる。瀬戸内海の小島の豊島では、信号機もない、一番広い道路で幅2メートルだというのに、ダンプカーが50万トンに達するまで産業廃棄物の不法投棄を続けるため1日中走りまわり、粉じん、騒音、落下物を長期間まき散らしていたが、その道路脇に住む島民がいる。

目の不自由な人にとって、「よい景観」というものは、どのようなものなのか。長い間療養所の外にでることができなかったハンセン病の人にとっての「よい景観」とはどのようなものなのか。精神病院に数10年も入院している人にとって、もし病院の敷地に運動場があって、その運動場からしか見えるものがないとしたら、「よい景観」というものはどのように観念したらよいのか。また、認知症の人にとってのある種の音というものは、認知症ではない人にとっての音とどのように違うのか、どれだけつらいものなのか。豊島の人たちにとって法はあったのか。

ここにあげた人たちは、みな、あるカテゴリーに含まれる人では

なく、ある1人の人間、すなわち、ある特定の個人であり、セヴァンと同じように全身全霊をもって対応することができる者に訴えかけたいのではないか。それどころか、もうすでにたくさんの個人が訴えているのに、それに対応をすることができる者をはじめとして私たちが気付いていないだけだろう。だから、ある特定の個人にとっての環境や環境法ということを考えなければ、ここにあげた人たちは、環境法からこぼれ落ちてしまうのではないか。

これまでも日本は、公害・環境の分野において、ある特定の個人という視点を強く意識したことがあった。日本では1950年代後半ころからはじまった高度経済成長のひずみから公害が激化し、1960年代後半に、4大公害訴訟の第1次提訴があり、裁判所は、1970年代の前半、すなわち、1971年（昭和46年）6月から1973年（昭和48年）3月までに、すべての訴訟において原告住民側の損害賠償請求を認容する判決をした。その当時の原告は、住所地において、それぞれのしがらみがあるなかで、損害の賠償を求めて企業を訴えた。もっとも早くから被害の発生した熊本水俣病の訴訟の提起は、4大公害訴訟のなかで一番最後であった。1人1人の被害者にとって提訴すること自体が大変な負担を伴うものであったのである。そこでは、公害の被害者というカテゴライズされた人間ではなく、1人1人個性のある特定の人が自分で決意をして原告の1人となり勝訴した。過酷な公害被害やさまざまな差別のなかで立ち上がった個人にとって法は輝いてみえたのではないか。

4大公害訴訟の判決が次々と出ている1972年（昭和47年）、弁護士の柳田幸男は、日本における最初の環境法の著作である『環境法入門』（サイマル出版会）を世に送った。「公害法から環境法へ」という見出しのついた「まえがき」において、柳田は、「個々の公害防止法もさることながら、その根源ともいうべき人間と環境の関係の基本的なありかたを問題とし、環境そのものの保全を主な対象とする『環境法』がどうしても必要です」と述べた。

ここに、環境法が誕生したといってもよいであろう。公害防止法や公害被害者救済法が緊急に求められ、制定されている時代にあって、柳田の視点はすばらしい。

4大公害訴訟の提起から半世紀がたち、公害法は、環境法に名前が変わった。しかし、公害被害者に完全な救済をもたらすにはなお時間がかかるであろう。ここでは、ある個人の特性に応じた公害被害の救済という視点は依然として重要である。それとともに、ある特定の個人にとっての環境法という視点は、これまで述べてきたさまざまな境遇にある人にとってはより重要である。よい環境の恵沢を受けるということを見つめ直してみると、その法的な土台となるところには弱い人々がいる。

認知症の人が自分の感じていること、思っていることをうまく伝えるためには、大変な努力がいる。ハンセン病であった人たちに対する迫害のひどさはもう表現のしようがない。ハンセン病であった人たちは、かつての公害被害者のように訴えたいものがあっても、どのように訴えたらよいのかわからないのではないか*16。

そのような境遇にある個性をもった人にとっての環境とは何か、環境法とはどのようなものであるか、法は生きているのか、ということを私たちに問いかけている。

どのような境遇にある人であっても1人の個性ある人として議論に参加し、そこに自らの息を吹き込むことができる環境法、1人1人の個性ある人からつくられている社会の状況をそれぞれの人にとってよりよくすることができる力になる環境法が求められている。

この時代にあって、環境法のありかたをさまざまな境遇におかれ

いる特定の個人にとって環境や環境法とはどのようなものであるのか、という視点からとらえなおすことが本書の目指すところである。

経済活動にかかわること、例えば、それぞれの個人が日々の生活のなかからいらなくなった商品をゴミとして出しているそのゴミの行方、繁華街を歩いているとさまざまな商店から客を勧誘するために流れてくる違った種類の大きな音、道路を走るトラックや乗用車、オートバイの騒音や排気ガス、毎月払っている電気代の使われかた、というものをとらえなおし、あるいは、さまざまな種類の争いごと、例えば、高層マンションにより景観が壊されたかどうかという争い、クーラーの室外機の音をがまんしなければならないかどうかのトラブル、というものをとらえなおしてみると、環境法は新しい輝きをはじめる。

本書『環境法の考えかたⅠ』は、「ある特定の個人にとっての法」という視点からとらえる環境法の考えかたの基礎を描き、『環境法の考えかたⅡ』は、この視点を実践するところを描いている[*17]。

*1　訳は、『地球環境条約集〔第3版〕』（中央法規出版、1999年）による。後記リオ宣言についても同じ。

*2　例えば、畠山武道「新しい環境概念と法」ジュリスト1015号（1993年）106頁。また、大塚直「都市環境問題をめぐる「政策と法」Ⅰ環境法学の観点から」『岩波講座 現代の法4　政策と法』（岩波書店、1998年）67頁は、都市環境問題についてであるが、健康、リスク、アメニティの3つの問題区分を視点の基軸にする。アメニティは、①景観および緑や水を中心とした快適環境、②歴史文化財・遺跡・風土、③野生生物と小生態系を包含するとする（86頁）。

*3　大塚直「民法と現代社会11　公害・環境問題1」法学教室185号（1996年）57頁。

*4　山中敬一「環境刑法の現代的課題」『環境問題の行方』（ジュリスト増刊、1999年）83頁。

*5　淡路剛久「講演　環境法への道案内・私の場合―民法から固有の環境法へ」愛知学院大学論叢法学研究41巻2号（2000年）92頁。

*6　大村敦志『消費者法』（有斐閣、1998年）15頁、16頁は、ある法領域が固有の分野を有して独立しているか否かを判定する基準には、独立の法典の存在、独自の裁判機関・紛争処理機関の存在、講学上の独立性などの外形的な基準と、当該法領域を指導する独自の原理の存在という実質的基準があるが、独自の原理の存在は、不可欠であるとされる。

　環境法学においては、環境法という名称の単独の法典はなく、環境基本法はすべての環境に関する法をその下に有するものではない。放射性物質による大気汚染等については、原子力基本法の体系となり、アメニティ関係を規定する文化財保護法、建築基準法なども環境基本法の体系の下におかれていない。裁判機関等については、総務省の公害等調整委員会、都道府県の公害審査会があるが、幅広い分野の紛争を扱う機関ではなく、件数としてもごく一部を担当しているにすぎない（六車明「行政機関における公害・環境紛争解決システムの現状と課題―利用者からみた制度の検証」南博方先生古稀記念『行政法と法の支配』（有斐閣、1999年）307頁、308頁参照）。

*7　阿部泰隆・淡路剛久編『環境法〔第2版〕』（有斐閣、1998年）32頁［淡路］。

*8　吉村良一・水野武夫編『環境法入門』（法律文化社、1999年）33頁、34頁［水野］。

*9　畠山武道『自然保護法講義』（北海道大学図書刊行会、2001年）35頁以下。

*10　大阪弁護士会環境権研究会『環境権』（日本評論社、1973年）51頁。

*11　大塚直「環境権」法学教室171号（1994年）34頁。

*12　前掲注4　山中「環境刑法の現代的課題」84頁。環境が人間にとって刑法によって保護すべき法益としての価値を有することは疑いえないが、これを認めた上で、それは、人間の生命や身体といった古典的な法益に限定すべきか、それとも生態学的な環境自体も保護法益とされるべきかが論点であるとする。

*13　竹下賢「環境国家論の現代的意義」関西大学法学論集44巻第4・5合併号（1995年）228頁。

*14 大阪地判平成12年10月17日判例時報1736号152頁。

*15 セヴァン・カリス＝スズキ/ナマケモノ倶楽部編・訳『あなたが世界を変える日 12歳の少女が環境サミットで語った伝説のスピーチ』(学陽書房、2003年)10頁。

引用部分の原文は以下のとおりである(訳文と同頁)。

「You don't know how to fix the holes in our ozone layer.
You don't know how to bring salmon back to a dead stream.
You don't know how to bring back an animal now extinct.
And you can't bring back the forests that once grew where is now desert.
If you don't know how to fix it, please stop breaking it.
Here you may be delegates of your governments, businesspeople, organizers, reporters or politicians. But really you are mothers and fathers, sisters and brothers, aunts, and uncles. And each of you is somebody's child.」

*16 詳細は本書第4章に譲るが、現在の多磨全生園では、100年以上前の1915年(大正4年)から断種手術を開始した(熊本日日新聞社『検証・ハンセン病史』(河出書房新社、2004年)325頁)。ハンセン病の人たちが国を訴えたのは、1998年(平成10年)7月31日である。この日の夕方第1次提訴原告13名のうち3名が熊本地方裁判所の玄関に入り、そのうちの1名が訴状を裁判所の受付の事務官に手渡した。訴状を提出した原告は、療養所園内で結婚し妻は妊娠したが園で生むことはゆるされず、堕胎させられた。提訴後の集会で別の原告は「強制隔離によって、家族、ふるさと、人生のすべてを失った。流した涙の分だけ幸せになる権利がある」と訴えた(ハンセン病違憲国賠訴訟弁護団『開かれた扉―ハンセン病裁判を闘った人たち』(講談社・2003年)41頁)。熊本地裁が2001年(平成13年)に言い渡した判決(判例時報1748号30頁)は、ある1人1人の特定の個人に対する政府と国会による苛烈な人権侵害を次々と認定している。

佐藤宏明は『精神病棟の中で』(柘植書房新社、2000年)において、自分が友人にあてた手紙の一節を紹介している。

「十年、二十年、三十年、四十年……。[改行]この数字は、わたしが閉鎖病棟で生活をともにした患者の入院年月を示す数字です。……この長期入院者――社会的入院者こそ、今日の精神医療の矛盾の象徴なのではないでしょうか。これといった医療もなく、ただ無為におくる日々――。そしてその日々は、死のみにしか導いてくれはしないのです」(214頁)。

*17 その多くは、これまでに発表したものであるが、新しいものもある。発表したものの初出は本書末尾に記したとおりである。

第1章

ユニバーサルデザインの環境法

環境に恵まれた場所があったとしても、ある人はその環境を視覚的には感じることができない。音や肌などで感じるであろう。風が木の葉の間を通り抜けていく音を安心して聞きながら歩くことができるためには、そのようなことができる道がなければならないであろう。そもそも、自分の住んでいるところから、どのようにして、その環境に恵まれたところまで行くことができるのであろうか。

恵まれた環境を視覚的に感じることができても、音を感じることができない人もいる。後ろから来る自動車や自転車に不安を感じない道でなければ、心から花を楽しむことはできないであろう。

そして、ある人は、このような環境を視覚的にも聴覚的にも感じることができない。

季節が変わっていくにつれて、様々な香りがしていることもあるだろう。目の不自由な人や、耳の不自由な人、あるいはその双方が不自由な人にとって、香りは、美しい環境の要素として占める割合が多いのではないだろうか。他方で、香りを感じることができない人もいる。

広瀬浩二郎は、視覚障害者の花見の方法として、5つのポイントをあげているが、その1つめが「嗅ぐ」である。そして、「桜の花には梅のような強い匂いはないが、独特の香りがある。満開の花のいい匂いを思いっきり吸い込むのも花見の醍醐味だ」という。5つめのポイントは、「擦(こす)る」である。広瀬は、「桜の木の幹や蕾をそっと手で擦る。枝垂桜なら満開の花にもさわることができる。八重桜のふんわりした花びらの感触は、ぜひ晴眼者にも体験してほしい」という*[1]。

1997年(平成9年)にオープンした大阪府営大泉緑地ふれあいの庭は、0.2ヘクタールの広さではあるが、視覚、聴覚、触覚、嗅覚、味覚の五感を活用できるように設計され、施設の高さについての配慮もされている*[2]。

よい環境を楽しむためには視点の高さということが大切なこともあるだろう。視点の低い人にはよく見えないが、視点の高い人にはよく見えるという景色もあるだろう*[3]。あるいは反対のこともあるだろう。

心や感情などの問題をかかえる人が、都市や街の景観、例えば建物の色彩などについて、どのような気持ちで見ているのか、ということも考えなければならない。

よい環境のあるところに行くことができればよいというわけではない。環境に関して損害を被ったときに、住んでいるところを出て、弁護士の事務所に行けるであろうか。裁判所へ行くとこができるかどうか。裁判所に行き着いて、法廷や和解室までたどり着くことができるかどうか。裁判を受ける権利(憲法32条)は、実際にはどのように機能しているのか。

日本は、2014年(平成26年)1月20日(現地時間)、ニューヨークにおいて、障害者の権利に関する条約(障害者権利条約)の批准書を国際連合事務総長に寄託した。この日までに、この条約に締約して

いた国は、140の国と欧州連合であった。日本について、この条約の効力が発生したのは、この寄託から30日目の日である同年2月19日である（同条約45条2項）*4。

この条約の目的を定める1条の第1文と第2文は次のとおりである。

「この条約は、全ての障害者によるあらゆる人権及び基本的自由の完全かつ平等な享有を促進し、保護し、及び確保すること並びに障害者の固有の尊厳の尊重を促進することを目的とする。
　障害者には、長期的な身体的、精神的、知的、又は感覚的な機能障害であって、様々な障壁との相互作用により他の者との平等を基礎として社会に完全かつ効果的に参加することを妨げ得るものを有する者を含む」

健全で恵み豊かな環境を人に与えることを目的とする法や政策、その現実の運営の仕方は、障害者権利条約とこれに基づいた国内法の理念、施策と整合しているであろうか。

I　ユニバーサルデザインの法

1　ユニバーサルデザイン

ユニバーサルデザインは、「全ての年齢や能力の人々に対し、可能な限り最大限使いやすい製品や環境のデザイン」と説明されている*5。

ユニバーサルデザインと似た状況で使われるバリアフリーは、「高齢の人や障害のある人が社会への関わりをもとうとしているときに社会の側でそれを妨げてしまう現実があることの認識のもとに、その妨げるものをバリア（障壁）と呼んで、バリアをなくすこと（バリアフリー）で社会に関わりやすくする環境を整えようという考え」である[*6]。

ユニバーサルデザインは、バリアフリーのように高齢の人や障害のある人だけを対象とするのではなく、みんなにとってよいものを考えようというところからスタートしている。したがって、ユニバーサルデザインは「みんなのためのデザイン（Design for all）」ともいわれている[*7]。

ユニバーサルデザインは、アメリカのノースカロライナ州立大学ユニバーサル・デザイン・センターの建築家・工業デザイナーであった故ロナルド・メイスが提唱した考え方であり、同人らによって、7つの原則とそれぞれに対する指針が示されている[*8]。ここでは、それらをよりわかりやすい言葉で示している立石信雄の「ユニバーサルデザインの7原則」を引用する[*9]。

① 誰にでも公平に利用できること
② 使う上で自由度が高いこと
③ 使い方が簡単ですぐに理解できること
④ 必要な情報がすぐに理解できること
⑤ うっかりミスや危険につながらないデザインであること
⑥ 無理な姿勢をとることなく、少ない力でも楽に使用できること
⑦ アクセスしやすいスペースと大きさを確保すること

立石は、「ユニバーサルデザインは『デザイン』という名がついているが、その意味するところは非常に広く、単なるデザインのトレンドやテーマだけではなく、製品の企画、開発、生産そして後のユーザーの使用段階までを対象とする総合的な活動である」という[*10]。

ユニバーサルデザインの身近な例としてしばしばあげられるのが、シャンプーとリンス・トリートメントの容器である。

シャンプーの容器には、容器の横の面の両側でちょうど手でもつときにさわる部分に一列に凹凸をつけるというデザインがある。これは、もともとは、目でラベルの記載内容を確かめることができない人たちのことを考えていたのであろう。しかし、目でラベルを確かめることができる人たちにとっても、シャンプーとリンス・トリートメントなどの区別が、触覚でわかるからありがたいデザインである。このようなデザインは、より多くの人にとってありがたいものであるから、ユニバーサルデザインといえる[*11]。

左：シャンプー　右：リンス
（シャンプーの容器のほうには、側面の点線部分に凹凸がつけられている）

牛乳パックの上部の三角の部分の頂点には、中央から端によったところに、小さい半月形に切除されているデザインがある。これは、この切除されている側と反対側が牛乳パックの開ける口であることを示している。この切除部分は、目で見てもはっきりしているから、触覚に頼らない人にとってもわかりやすい。

駅のホーム・ドアもユニバーサルデザインである。駅のプラットホームでは、電車が結構速いスピードで進入してくる。混雑する時間帯では、ホームの端すれすれを人が歩くこともあり、そのときは、かなり危険な状況になり、運転士も警笛を鳴らす。駅の放送では、ホームの端を歩かないように繰り返し注意をうながしている。ホーム・ドアは、ホームの線路際のところに設置されたドアであり、ドアではないところは、低い壁のようになっている。

多くの視覚に不自由な人がこれまでホームから転落して犠牲になったであろうから、ホーム・ドアは、1次的には、そのようなことを防止しようとしているのであろう。聴覚の不自由な者にとっても、ホーム・ドアは安心であろう。しかし、それにとどまらない。体調が悪くなり急にふらつく人、酔っている人などの転落も多い。ホームには、意外に傾斜がついているところがあり、車椅子やベビーカー、キャスター付きバッグなどが、自然に動き出すこともある。ホーム・ドアがないと、転落の危険がある。ホーム・ドアは、ユニバーサルデザインの一例といえよう。

2　ユニバーサルデザインの条約と法律

障害者権利条約2条は、「意思疎通」「言語」「障害に基づく差別」「合理的配慮」を定義したあとで、「ユニバーサルデザイン」を以下のように定義している。

> 「『ユニバーサルデザイン』とは、調整又は特別な設計を必要とすることなく、最大限可能な範囲で全ての人が使用することのできる製品、環境、計画及びサービスの設計をいう。ユニバーサルデザインは、特定の障害者の集団のための補装具が必要な場合には、これを排除するものではない」

同条約4条は条約の一般的義務について規定しており、ユニバーサルデザインに関するところは同条1項（f）である。その内容は次のとおりである。

> 「第2条に規定するユニバーサルデザインの製品、サービス、設備及び施設であって、障害者に特有のニーズを満たすために必要な調

整が可能な限り最小限であり、かつ、当該ニーズを満たすために必要な費用が最小限であるべきものについての研究及び開発を実施し、又は促進すること。また、当該ユニバーサルデザインの製品、サービス、設備及び施設の利用可能性及び使用を促進すること。さらに、基準及び指針を作成するに当たっては、ユニバーサルデザインが当該基準及び指針に含まれることを促進すること」

障害者基本法は、障害者権利条約を受け、ユニバーサルデザインの考え方が盛り込まれている*12*13。同法1条は、同法の目的を以下のとおり規定している。

「この法律は、全ての国民が、障害の有無にかかわらず、等しく基本的人権を享有するかけがえのない個人として尊重されるものであるとの理念にのっとり、全ての国民が、障害の有無によって分け隔てられることなく、相互に人格と個性を尊重し合いながら共生する社会を実現するため、障害者の自立及び社会参加の支援等のための施策に関し、基本原則を定め、及び国、地方公共団体等の責務を明らかにするとともに、障害者の自立及び社会参加の支援等のための施策の基本となる事項を定める等により、障害者の自立及び社会参加の支援等のための施策の基本となる事項を定めること等により、障害者の自立及び社会参加の支援等のための施策を総合的かつ計画的に推進することを目的とする」

また、障害者基本法2条は、1号において障害者を、同条2号において社会的障壁を次のように定義している。

「1号　身体障害、知的障害、精神障害（発達障害を含む。）その他の心身の機能の障害（以下「障害」と総称する。）がある者であって、障害及び社会的障壁により継続的に日常生活又は社会生活に相当な制限を受ける状態にあるものをいう。

2号　障害がある者にとって日常生活又は社会生活を営む上で

障壁となるような社会における事物、制度、慣行、観念その他一切のものをいう」

障害者基本法は、3条から5条において、共生社会実現のための基本原則を定めている。3条は、この基本原則の1番目として「地域社会における共生等」の見出しのもとに、次のとおり規定している。

「第1条に規定する社会の実現は、全ての障害者が、障害者でない者と等しく、基本的人権を享有する個人としてその尊厳が重んぜられ、その尊厳にふさわしい生活を保障される権利を有することを前提としつつ、次に掲げる事項を旨として図られなければならない。

1号　全て障害者は、社会を構成する一員として社会、経済、文化その他あらゆる分野の活動に参加する機会が確保されること。

2号　全て障害者は、可能な限り、どこで誰と生活するかについての選択の機会が確保され、地域社会において他の人々と共生することを妨げられないこと。

3号　全て障害者は、可能な限り、言語（手話を含む。）その他の意思疎通のための手段についての選択の機会が確保されるとともに、情報の取得又は利用のための手段についての選択の機会の拡大が図られること」

環境の保全に関する活動は、1号の「あらゆる分野の活動に参加する機会が確保されること」におけるあらゆる分野の活動のなかに含まれる。健康や身のまわりの生活に関する環境の状況を示す情報の取得又は利用は、3号の「情報の取得又は利用のための手段についての選択の機会」に含まれる。

また、障害者基本法4条は、共生社会実現のための2番めの基本原則の内容を、「差別の禁止」の見出しのもとに、次のとおり規定している。

「1項　何人も、障害者に対して、障害を理由として、差別することその他の権利利益を侵害する行為をしてはならない。

2項　社会的障壁の除去は、それを必要としている障害者が現に存し、かつ、その実施に伴う負担が過重でないときは、それを怠ることによって前項の規定に違反することとならないよう、その実施について必要かつ合理的な配慮がされなければならない。

3項　国は、第1項の規定に違反する行為の防止に関する啓発及び知識の普及を図るため、当該行為の防止を図るために必要な情報の収集、整理及び提供を行うものとする」

障害者基本法4条1項は、このように障害を理由とする障害者への権利利益の侵害行為を禁止している。国が環境保全のための政策を遂行するにあたり、念頭におくべきことである。同条2項は、1項の差別禁止政策をすすめ、社会的障壁の除去についての配慮をしなければならないことを規定している。障害者が障害のない者と同じ環境の恵みを受けることができるように、国が積極的な措置をとることをしなければならない。同条3項は、1項の差別禁止政策をさらにすすめるために情報の収集、整理、提供を行うことを義務づけている。

なお、同法5条は、共生社会実現のための3番目の基本原則の内容を、「国際的協調」の見出しのもとに、次のとおり規定している。

「第1条に規定する社会の実現は、そのための施策が国際社会における取組と密接な関係を有していることに鑑み、国際的協調の下に図られなければならない」

3　アクセシビリティの条約と法律

ユニバーサルデザインにとってアクセシビリティは重要な要素で

ある。

アクセシビリティについて、障害者権利条約９条は、施設およびサービス等の利用の容易さ（原文は Accessibility　アクセシビリティ）を規定する。その１項は次のとおりである。

「締約国は、障害者が自立して生活し、及び生活のあらゆる側面に完全に参加することを可能にすることを目的として、障害者が、他の者との平等を基礎として、都市及び農村の双方において、物理的環境、輸送機関、情報通信（情報通信機器及び情報通信システムを含む。）並びに公衆に開放され、又は提供される他の施設及びサービスを利用する機会を有することを確保するための適当な措置をとる。この措置は、施設及びサービス等の利用の容易さに対する妨げ及び障壁を特定し、及び撤廃することを含むものとし、特に次の事項について適用する。

(a)　建物、道路、輸送機関その他の屋内及び屋外の施設（学校、住居、医療施設及び職場を含む。）

(b)　情報、通信その他のサービス（電子サービス及び緊急事態に係るサービスを含む。）」

同条約 21 条は、「表現及び意見の自由並びに情報の利用の機会」という見出しにおいて、締約国がとるべき措置を規定している。そのうち(a)は、「障害者に対し、様々な種類の障害に相応した利用しやすい様式及び機器により、適時に、かつ、追加の費用を伴わず、一般公衆向けの情報を提供すること」と規定している。

アクセシビリティについては、障害者基本法 22 条が「情報の利用におけるバリアフリー化等」という見出しのもとに、国と地方公共団体および関係する事業者に対して次のように求めている。これは、障害者権利条約９条を受けているものである。

「1 項　国及び地方公共団体は、障害者が円滑に情報を取得し及び利用し、その意思を表示し、並びに他人との意思疎通を図ることができるようにするため、障害者が利用しやすい電子計算機及びその関連装置その他情報通信機器の普及、電気通信及び放送の役務の利用に関する障害者の利便の増進、障害者に対して情報を提供する施設の整備、障害者の意思疎通を仲介する者の養成及び派遣等が図られるよう必要な施策を講じなければならない。

2 項　国及び地方公共団体は、災害その他非常の事態の場合に障害者に対しその安全を確保するため必要な情報が迅速かつ的確に伝えられるよう必要な施策を講ずるものとするほか、行政の情報化及び公共分野における情報通信技術の活用の推進に当たっては、障害者の利用の便宜が図られるよう特に配慮しなければならない」

また、事業者の義務は、同条 3 項に以下のように規定されている。

「電気通信及び放送その他の情報の提供に係る役務の提供並びに電子計算機及びその関連装置その他情報通信機器の製造等を行う事業者は、当該役務の提供又は当該機器の製造等に当たっては、障害者の利用の便宜を図るよう努めなければならない」

障害者基本法を受け、ユニバーサルデザイン、とくにアクセシビリティに関する実施法が制定されている。「高齢者、身体障害者等が円滑に利用できる特定建築物の建築の促進に関する法律」(ハートビル法) は、1994 年 (平成 6 年) に制定された。さらに、「高齢者、身体障害者等の公共交通機関を利用した移動の円滑化の促進に関する法律」(交通バリアフリー法) が 2000 年 (平成 12 年) に制定された。そして、2006 年 (平成 18 年) 6 月、「高齢者、障害者等の移動等の円滑化の促進に関する法律」(バリアフリー新法) が制定され (同年 12 月 20 日施行)、ハー

ユニバーサルデザインの階段（沖縄県 浦添）

トビル法と交通バリアフリー法は廃止された。

アクセシビリティの促進は、「都市の低炭素化の促進に関する法律」（2012年・平成24年9月5日公布）にもみられる。同法3条1項に基づいて定められた「都市の低炭素化の促進に関する基本的な方針」（経済産業省・国土交通省・環境省告示118号）のなかの、2(2)①「都市機能の集約化のための施策の方向性」には、様々な施設がバリアフリー化されることが唱えられている。同2(2)②「公共交通機関の利用促進のための施策の方向性」には、公共交通機関のバリアフリー化が唱えられている。

同様の指摘は、同基本方針3(2)の、低炭素まちづくり計画の目標達成のために必要な事項の記載にもある。低炭素化社会を実現するためにもユニバーサルデザインの観点が求められている。

なお、司法へのアクセスについて、障害者権利条約は、とくに規定をおいている。障害者権利条約13条の内容は、「司法手続の利用の機会」の見出しで次のとおり定めている*14。

「1項　締約国は、障害者が全ての法的手続（捜査段階その他予備的な段階を含む。）において直接及び間接の参加者（証人を含む。）として効果的な役割を果たすことを容易にするため、手続上の配慮及び年齢に適した配慮が提供されること等により、障害者が他の者との平等を基礎として司法手続を利用する効果的な機会を有することを確保する。

2項　締約国は、障害者が司法手続を利用する効果的な機会を

有することを確保することに役立てるため、司法に係る分野に携わる者（警察官及び刑務官を含む。）に対する適当な研修を促進する」

障害者基本法29条は、障害者権利条約13条を受け、「司法手続における配慮等」の見出しにおいて、次のように規定している。

「国又は地方公共団体は、障害者が、刑事事件若しくは少年の保護事件に関する手続その他これに準ずる手続の対象となった場合又は裁判所における民事事件、家事事件若しくは行政事件に関する手続の当事者その他の関係人となった場合において、障害者がその権利を円滑に行使できるようにするため、個々の障害者の特性に応じた意思疎通の手段を確保するよう配慮するとともに、関係職員に対する研修その他必要な施策を講じなければならない」

この29条によれば、障害者が環境にかかわる権利、利益を侵害されたり、侵害されそうになったときに、民事訴訟や行政訴訟を起こす場合、障害者が十分に権利を行使できるような措置を国はとらなくてはならない。

II　ユニバーサルデザインの環境法

1　緊急時における環境情報の提供

環境基本法の実施法の1つである大気汚染防止法23条の見出しは、「緊急時の措置」であり、その1項において、緊急時の措置を定めている。都道府県知事は、大気の汚染が著しくなり、人の健康又は生活環境に係る被害が生ずるおそれがある場合として政令（同法施行令11条1項、別表第5の上欄と中欄）で定める場合に該当する事態が発生したときは、その事態を一般に周知させなければならない。例えば、浮遊粒子状物質についていえば、大気中における量の1時間あたりの値が1立法メートルにつき、2.0ミリグラム以上ある大気の汚染の状態が2時間継続した場合である。

この場合の周知させなければならない「一般」には、上記のように情報の収集方法に制約がある者がいるから、都道府県知事は、そのことを踏まえた周知方法をとることが求められる。同じく環境基本法の実施法である水質汚濁防止法18条、同法施行令6条にも緊急時の措置に関する大気汚染防止法と同種の規定がある。

「一般に周知させ」るということは、情報を受け取る側が本当に理解することができること、もしその情報に関して何か聴きたいことがあれば、容易に聴くことができること、などを含むであろう。視覚について不自由な者、聴覚について不自由な者、その双方について不自由な者、身体を動かすことについて不自由な者、その他いろいろな面で不自由をしている者がいることを前提として、それらの人々が実際にはどのように情報を受け取り、質問をしたいときにはどのような手段があるのかなどについて、事前に十分検証しておかなければならない[*15]。

1999年（平成11年）茨城県東海村核燃料臨界事故の際、聴覚障害者を訪問したり、ファックスで情報を伝えるなどの対応策がとられなかったという指摘がある[*16]。

2011年（平成23年）3月11日における避難はどうであったのか。聴覚障害者は外見からは理解されず、情報の伝達は携帯メールがたよりになってしまったこと、視覚障害者への広報には困難なところがあったこと、知的・精神的障害者が避難所に行けなかったという事情があった[*17]。

2012年（平成24年）6月27日に公布された「東京電力原子力事故

により被災した子どもをはじめとする住民等の生活を守り支えるための被災者の生活支援等に関する施策の推進に関する法律」（議員立法）は、被災者の不安の解消及び安定した生活の実現に寄与することを目的とし（1条）、基本理念を定める2条1項において、「被災者生活支援等施策は、東京電力原子力事故による災害の状況、当該災害からの復興等に関する正確な情報の提供が図られつつ、行われなければならない」と規定し、12条において、「国は、第8条から前条までの施策に関し具体的に講ぜられる措置について、被災者に対し必要な情報を提供するための体制整備に努めるものとする」と規定している。

情報の正確な提供は、あらゆる人について同じようにされなければならないことをここで確認したい。

2　環境白書・環境影響評価書類

環境省は、様々な環境に関連する情報を発信する。その受け手には多くの不自由をしながら生きている人々がいる。例えば、音声読み上げソフトが正常に機能するように配慮したインターネット情報を発するべきであるし、すべての者が同じように文章を読み取ることができないということを考えると、正確性に問題を起こさないかぎりで最大限わかりやすい文章をあまり小さくない文字で表さなければならないだろう。ホームページなどに使われている色のコントラストについても、工夫が必要である*18。

環境法は、政府や企業に対し、さまざまな情報を提供することを求めている。政府は、その環境保全に対する取組みの状況を国民に明らかにすることにより、政策をより進展させる反応を期待できる。企業にとっては、環境保全に対する取組みの状況を社会に発信すれば、消費者から評価され、その製品市場において有利になる。この情報発信の際は、障害者基本法3条3号の規定する基本原則、すなわち、意思疎通のための手段についての選択の機会の確保、情報の取得または利用のための手段についての機会の拡大を図るということ、を踏まえなければならないことになる。環境基本法12条は、国がいわゆる白書を作成し国会に提出することを義務づけている。これは、国民にも公開されている。この媒体が紙だけであるときは、視覚が不自由な者にとって内容を理解することが困難であったが、ホームページにデータが掲載されることにより、音声読み上げソフトを利用すれば、読める状況にはなっているといえるであろう。しかし、グラフや写真、絵などの情報はどのように伝達されるのであろうか。

総務省東海総合通信局のホームページでは、ウェブアクセシビリティについて解説している*19。画面読み上げソフトの音声を聞く者にやさしい、つまり、正確に画面読み上げソフトが読み上げることができる文章について解説をしている。あらゆる情報の発信についていえることであり、環境の情報発信についてもあてはまることである。

環境基本法20条は、「環境影響評価の推進」という見出しのもとに、国が大規模な工事などをする事業者に対し、環境影響評価をしてその結果に基づいて事業に関係する環境保全を適正に配慮することを推進するために必要な措置をとることを求めている。この措置は、環境影響評価であり、国は、1997年（平成9年）、「環境影響評価法」（アセス法）を制定・公布し、1999年（平成11年）6月12日から施行された。

このアセス法は、2011年（平成23年）の改正により、以前は紙媒体で作成されていた多くの書類（情報）がインターネットにおいて公開されることになった*20。アセス法施行規則3条の2に規定す

る公表の方法は、事業者のウェブサイトへの掲載（1号）、関係都道府県の協力を得て、関係都道府県のウェブサイトに掲載すること（2号）、関係市町村の協力を得て、関係市町村のウェブサイトに掲載すること（3号）である。アセス法における環境情報へのアクセスは改善されている。

3　環境教育・広報活動・NGO

環境基本法25条は、国の義務として、国民に対する環境教育と環境学習の振興、環境に関する広報活動を充実し、国民の環境に関する理解を深め、環境によい活動をする意欲がわくような措置をとることをあげている。

環境教育や学習の資料や教材、広報のやり方、その内容は、インターネットを利用するなどユニバーサルデザインへの配慮が必要である。

同法26条は、NGOの自発的な活動の促進のために国が果たすべき義務を規定しているが、NGOの活動の全般にわたって配慮が求められる。サポーターに送るニューズレターも、様々な状況にある者が情報を受けることができるものであることが必要である。

また同法27条は、25条、26条を踏まえた情報の適切な提供義務を国に課しているが、ここにおける「適切な」ということのなかには、様々な状況にある人間を意識したものも含まれているであろう。

環境基本法の実施法である「環境情報の提供の促進等による特定事業者等の環境に配慮した事業活動の促進に関する法律」（2004年・平成16年制定）は、特定事業者の作成する環境報告書、各省各庁の長、地方公共団体の長による環境配慮の状況の公表の方法として、電子データ、インターネットによることを定めている（同法2条4項）。

環境基本法の実施法である「環境教育等による環境保全の取組の

促進に関する法律」（2003年・平成15年制定）21条の4第2項は、環境保全に係る協定の内容の公表の方法の1つとして、まず、インターネットをあげている。

様々な障害をもっている人が、普通に暮らし、自然の恵みを受け、環境を含む生活に必要な情報を確実に受け取り、環境に関連した裁判に訴えなければならなくなったときは、特別に面倒なことをすることなく裁判を受け、権利を実現することができる社会をつくること、これも環境法の目標であるといえるであろう。そしてこの目標は、国民1人1人にとっても同じである。

移動等円滑化の促進に関する基本方針の末尾は「4　国民の責務（心のバリアフリー）」という見出しのついた文章でしめくくられている。そこには2つの文章があるが、ここでは、そのうちのはじめの方を引用する。

> 「国民は、高齢者、障害者等の自立した日常生活及び社会生活を確保することの重要性並びにそのために高齢者、障害者等の円滑な移動及び施設の利用を実現することの必要性について理解を深めるよう努めなければならない。その際、外見上わかりづらい聴覚障害、内部障害、精神障害、発達障害など、障害には多様な特性があることに留意する必要がある」

この移動等円滑化の促進に関する基本方針は、高齢者、障害者等の移動の円滑化の促進に関する法律3条1項の規定に基づくものであるが、国民の責務として記載されている内容は、私たちが深く受け止めるべきものをもっている。

*1　広瀬浩二郎『さわる文化への招待―触覚でみる手学問のすすめ』（世界思想社、2009年）120-121頁。

*2　株式会社ユーディ・シーのHP、ユニバーサルデザイン.jpの「ユニバーサルデザインの今」2001年4月号欄（http://universal-design.jp/currently/machi/machi11.html、2016年12月アクセス）。

*3　国立高層マンション控訴審判決（東京高判平成16年10月27日判例時報1877号40頁）は、「第三　当裁判所の判断、四　景観被害について、⑶景観利益の多様性」のところで、「景観は、対象としては客観的な存在であっても、これを観望する主体は限定されておらず、その視点も固定的なものではなく、広がりのあるものである。これを大学通りについていえば、大学通りは公道であり、徒歩や車椅子で通行する人……等、その視点には様々な状況が考えられるし、視点の位置も多数である」（同号47頁）と判示している。なお、本書第II巻第6章「国立マンション訴訟」に詳しくとりあげている。

*4　障害者権利条約は、2006年（平成18年）12月13日、国際連合総会（ニューヨーク）において採択された。日本は、2007年（平成19年）9月28日この条約に署名し、この条約は、2008年（平成20年）5月30日に発効した。この条約が日本において発効するのに備え、国内法の整備がされてきた。

*5　川内美彦『ユニバーサル・デザイン　バリアフリーへの問いかけ』（学芸出版社、2001年）7頁。

「移動等円滑化の促進に関する基本方針」（高齢者、障害者等の移動の円滑化の促進に関する法律3条1項の規定に基づく2011年（平成23年）3月31日国家公安委員会・総務省・国土交通省告示1号）一1の第3文は、「また、移動等円滑化の促進は、高齢者、障害者等の社会参加を促進するのみでなく、『どこでも、誰でも、自由に、使いやすく』というユニバーサルデザインの考え方に基づき、全ての利用者に利用しやすい施設及び車両等の整備を通じて、国民が生き生きと安全に暮らせる活力ある社会の維持に寄与するものである」となっている。

障害者権利条約における定義については後述する。

*6　同上7-8頁。

*7　同上8頁。

*8　同上186頁。

*9　立石信雄『企業の作法【CSRが拓く企業の未来】』（実業之日本社、2006年）201-202頁。

*10　同上208頁。

*11　シャンプーや洗剤の容器のデザインは環境の面からも重要である。詰替ができる容器であれば、2回目からは、詰替用の容器を求めればよく、この容器はやわらかい性質の材料で作られているものが多く、詰め替えたあとおりたためば、容積が小さくなり、運搬するにも処分するにも、使うエネルギーを少なくてすむから、環境にとって望ましい。

*12　この法律制定に至る経緯は次のとおりである。1949年（昭和24年）に身体

障害者福祉法が制定され、その後、心身障害者対策基本法が1970年(昭和45年)に制定された。同法は、1993年（平成5年）の改正により題名も、現在の障害者基本法となった。同法は、2004年（平成16年）と2011年（平成23年）に改正を経ている。これらの改正は、国連障害者権利条約に対応するものである。この障害者基本法の下に実施法、政令、省令がある。さらに、自治体により、条例が定められている。

＊13　ユニバーサルデザインは、条例のレベルにおいても、法律を明示的に受け、あるいは、明示的には受けず、まちづくりなどに関し、様々な内容のものが制定されている。2007年（平成19年）4月1日から、「世田谷区ユニバーサルデザイン推進条例」が施行された。同年3月20日（一部同年10月1日）から「徳島県ユニバーサルデザインによるまちづくりの推進に関する条例」が施行され、2013年（平成25年）4月1日には、「熊本市移動等円滑化のために必要な特定公園施設の設置に関する基準を定める条例」が施行されている。この条例の1条は、後述のバリアフリー新法13条1項の規定に基づき、この条例を定めることを規定している。

＊14　司法へのアクセスについては、市民的及び政治的権利に関する国際規約（自由権規約）に規定がある。この規約は、障害者権利条約が採択された2006年（平成18年）から40年前の1966年（昭和41年）に採択され、日本においては1979年（昭和54年）に公布された。同規約14条1項1文は、「すべての者は、裁判所の前で平等とする」と規定する。

＊15　情報の収集・理解力への配慮という意味では、日本語を理解できない人たちへの周知ということも同様に考えられる。

＊16　井上滋樹『ユニバーサルサービス』（岩波書店、2004年）59頁、臨界事故の体験を記録する会編『東海村臨界事故の街から　1999年9月30日事故体験の証言』（旬報社、2001年）156頁、草地達也氏へのインタビュー「弱者は何が起きても後まわし」。同氏は、移動障害により5歳から車イスを使用している。同氏へのインタビューの内容は、障害をもつ人の避難の際に、後まわしにされる、つまり公平に扱われないということも指摘している。

＊17　朝日新聞特別報道部『プロメテウスの罠4　徹底究明！福島原発事故の裏側』（学研パブリッシング、2013年）12-32頁（「第19章 残された人々」[岩堀滋執筆]）。

＊18　松江地方裁判所のホームページを見ると、2012年（平成24年）2月7日に開催された、松江地方裁判所委員会（第22回）議事録概要が掲載されており、委員の3番目の発言「健常者とそうでない人と差をつけないユニバーサルデザインという考え方に基づいて、ウェブサイトを作成すべきである」に対し、裁判所の事務担当者は、「現在のウェブサイトでは、視覚障害者のために黒と赤以外の文字は使わない、青色はリンク指定に使うなどといったことが決められている」と答えている。委員の6番目の発言では、「目の不自由な方に音声読み上げソフトを用いてウェブサイトを体験してもらえば、我々が気付かないようなことを指摘していただけると思う」という指摘もある（2014年5

月アクセス）。

＊19 http://www.soumu.go.jp/soutsu/tokai/siensaku/accessibility/、2016 年 12 月アクセス。

＊20 方法書についてはアセス法 7 条、同法施行規則 3 条の 2、準備書については同法 16 条、同規則 7 条の 2 第 1 項、評価書については同法 27 条、同規則 15 条の 2 第 1 項。

第2章

そううつ・うつと環境法の問題

誰もが、自分や、家族、仕事、友達などをめぐって、日々、うれしいことがあったり、さびしいことがあったりしながら生きている。思わぬところで、何ともおかしいことに出会って、生きているとおもしろいこともあるなあと感じる。仲間と気持ちがつうじて、友達っていいなあと思う。軽い勘違いをして職場の同僚を困らせることもある。仕事が間に合わなくなって誰かに迷惑をかけることもある。

人は、ちょっといいことがあると、よい気分になるし、ちょっとうまくいかないことがあると、気分が少し落ち込んだりする。このうち、ちょっとしたよい気分がすぐに落ち着かず、高ぶった気持ちがなかなかおさまらなくなって、ふだんはいわないような少しはずれたことをいってしまったり、ほんの小さなことで心のコントロールがつかずにどなりちらしてしまう、というような心の状態が軽いそう（躁）である。

これとは違って、落ち込んだ心の状態が少し続くときが軽いうつ（鬱）、うつ状態である。軽いそうやうつは、1日のなかでも日常的に変化していく気分の一時期のものである。ふだんは、次にする仕事や予定があるので、そのような心の高まりや落ち込みはすぐに忘れる。
そううの状態であった人が、何かの拍子にわれに返り、そううのときに自分がしたことや、いったことを悩みはじめ、そこから抜けられなくなることがある。そううつの人のそうからうつへの変化にあたる。そううつ病の初期である。
うつ状態の人は、ちょっとした心や気分の落ち込みが消えずに残ってしまう。小さいことをくやむようになり、ものごとを前向きに考えることができなくなる。こうした状態が2週間くらい続くと、うつ病の初期である。しかし、本人にうつの自覚がないまま症状はすすんでしまう。
このようなうつ病には、どのような人がなりやすいのだろう。専門医の書かれているものをみると、まじめで、几帳面な人が多いとされている。つらいことがあったとき、これは、誰かのせいではなく、自分のせいだと考える、そういう人がうつ病になりやすい。何でも完璧にしたい、それも自分でやりとげたい、やりとげなければならない、というタイプである。そして完璧にできないのは、自分が弱いからだ、完璧にできないことを悩むのも自分が弱いからだ、というように仕事などができないことを自分の問題と考えて、そこから抜けられない。自分がわるいと思っているから、誰かに、例えば、医者とか、福祉関係の役所の人に、助けをもとめようなどという気持ちは起こらない。そのような状態の人は、その状態は自分で解決しなければならないことであると考えるから、苦しんでいることをおもてに出そうとはしない。そのような外形を保っていると、苦しんでいることを、その人の近くにいる人であっても気づかない。
このようにして、そううつやうつになった本人には何の落ち度もないにもかかわらず、ときに死んでしまいたいと思うほど苦しみながら、ひとしれずに職場や家庭でなんとか生きている。だから、うつに苦しむ人たちが、医療や福祉などの助けを受けて、その個性ある本来の生活にもどってほしい。

法律を学ぶ者が、そううつやうつの人に、手をさしのべようとするにはどのような観点をもったらよいのか。そして、日々うつと闘っている人の心を少しでも軽くするためには、本人のおかれている環境にどのような配慮をしたらよいのか。そのようなことを、あたたかい心をもって考えたい[*1]。

I　そううつ・うつ

1　そううつ・うつの症状

そううつというときのそうは、異常に気分の高揚した状態になって極端に早口になったり、大したことではないことについて、ものすごく大げさに怒りちらす、などという症状である。そうの後にはうつがくる。

うつは、不安な気持ち、気分が落ち込んでいる状態などのように、いろいろな、いわば「心の痛み」をもっている状態のことである。

そううつは、うつで、時々そうがある症状で、そううつといわれていたが、今日では、双極性障害という。症状にそう・うつという2つの極があるからである。この双極性障害には、軽度なもの（双極Ⅰ型障害）と入院を必要とする重度なもの（双極Ⅱ型障害）がある。

そうとうつは関係が深い。そうのときの気持ちの高ぶる度合いが強ければ強いほど、次にくるうつの落ち込みがより深くなる。そうの強いときにやってしまったことをくやむから、やってしまったことが大きければ大きいほど、うつのときの心の痛みは強く苦しい。

そうは、気分、感情の高ぶった気持ちであり、DSM-5には、次のような7つの診断基準がある[*2]。

① 自尊心が異常に大きくなる。
② 眠くならず、少ない睡眠で十分であると思う。
③ 口数が多くなり、とめどもなくしゃべろうとする。
④ いくつもの考えがせめぎあう。
⑤ 話していると、どうでもいいことが気になって、関係のない話に移る。
⑥ ある目的をめざす活動が増えたり、逆に、無意味で目的のない活動をする。
⑦ おさえの効かない大量の買い物をし、成功するわけのない事業に投資する。

また、うつは、DSM-5によれば、次のような9つの診断基準がある。大野裕の『最新版「うつ」を治す』もこれにしたがっている。私なりに理解したところも加えると次のようになる[*3]。

① とても悲しい
悲しい、つらい、と思い続け、あるいは口にし続ける。
② 何にも興味がなくなる
好きだったスポーツはまったくやらなくなり、カラオケにも行かなくなり、好きな音楽も聞かず、どこかに出かけて素敵な眺めを楽しむこともしなくなり、自分の部屋にとじこもってしまう。異性への関心も極端に低下する。
③ 食べられなくなる
おいしいそうなにおい、おいしい味がわからなくなってくるから、食事をしても楽しくなく、食べ始めてもすぐいやになり、たくさん残してしまう。
④ 眠れなくなる
夜になって、ふとんのなかに入っても、不安なことが浮かんで寝つけなくなる。そうすると明日のことを考え出す。こんなひどい睡眠不足では、たまっている仕事がますますできなくなってしまうな

どと思う。

⑤　声が小さくなる

普通の大きさの声を出すという元気がなくなるから、声が小さくなる。

⑥　なにごとをするにも時間がかかる

普通の仕事や家事をすることにものすごく時間がかかってしまう。元気がないため、必要な動作を順番にしていく、という、今まであたりまえのようにできていたことができなくなる。

⑦　自分を責める

たいしたことでないのに自分を責める。仕事が手一杯なのに新しい仕事をことわれない。なぜ手一杯なのに、引き受けてしまったのかと、自らを責める。そのようことを続けていると1日はすぐに過ぎてしまい、何もできなかった自分を責める。

⑧　自分で判断ができず、決められない

自ら決断をすることができなくなり、ものごとを決められなくなる。新しい仕事がきたとき今ひきうけてもできない、という判断ができず、断ろうという決断ができない。

⑨　死にたくなる

何もかもうまくいかなくなり、自分のしてきたことについて自分を責め続けることになるから、心がものすごく苦しくなる。死ねば楽になれるだろうと考えるようになる。

そううつとうつは微妙な関係にあるようである。はじめからそううつの症状があるときと、うつだったのが途中でそううつになることもある。

うつとくらべると、そううつの症状がとりあげられることが少ないように思うので、文月ふう『ママは躁うつ病』が書いているそううつ病の記述の一部を引用する[*4]。

「通院を始めて3年後に、私の病名は『双極性障害II型（躁うつ病）』に変わりました。躁転したのか、初めから躁うつ病だったのかは分かりません。主治医は

『初めからだったのかもなぁ。あの頃は子どもも小さく子育てを頑張っておったので気づかんかったが、今思い返してみれば軽躁だったんじゃろう』
とおっしゃっています。II型の軽躁は自覚もなく見落とされやすいのです。
『うつ病じゃなくて躁うつ病で良かったね。だって躁の時には元気で楽しい気分になるんでしょ』
友達から言われた言葉です。彼女は悪くありません。躁うつ病は家族でも理解できない難しい病気です。……
……主治医の
『山が高ければ高いほど、谷は深くなる』
の言葉通り、うつのどん底に突き落とされます。ベッドから出ることもできず、『死にたい』と泣いてばかりの状態です。
波が大きいと、躁のときもうつの時もつらいので
『低い所で安定しとるんがええんじゃよ』
ということで、リーマス（炭酸リチウム）中心の処方で躁を抑えています。
躁状態のほうが危険ということで、今は抗うつ剤は処方されていません。
ですから、超低空飛行で毎日うつうつと過ごしています」

このような状況をみると、そううつとうつは、処方される薬もことなり、まわりの者もその症状の違いをよく理解して対応する必要があることがわかる。

2　うつになりやすい世代

女性は社会的に不利な立場におかれることが多いこと、社会的な支援がなく孤独な立場になりやすいこと、さらにエストロゲンをはじめとする性ホルモンの変化の影響があることなど、うつになる要因が多いようである[*5]。

女性は、世代とともに、うつとどのようにかかわっているのであろうか。

月経開始の数日前につらくなったり、不安になったりする程度が強くなる状態は、月経前不快気分障害（PMDD: Premenstrual Dysphoric Disorder）とよばれている。これは月経がはじまって2、3日で消えはじめる。

妊娠中にうつになることがある。この場合は、妊娠初期にうつをおさえる薬を飲むと胎児の成長に好ましくない影響が現れる可能性がある一方で、うつが悪化すると母体や胎児に好ましくない影響をあたえる。慎重な投薬が必要とされている。

出産後にうつになる女性も少なくない。ホルモン・バランスがくずれているところに子育てのストレスが加わるからである。子どもに危害を加える危険があるから、治療をしなければならないが、その場合も、母乳で育てているときは、うつ病の薬の成分が母乳のなかに出てくる可能性があるので、やはり、慎重な投薬が必要である。

さらに、閉経期にうつになる可能性は、その前の時期とくらべると、2倍に増える。ホルモンの関係に加えて、子どもが自立していく、夫が多忙であるという状況のなかで、家のなかで孤立してしまうということが1つの原因として考えられる。

女性とか男性とかにかぎらないことであるが、比較的高齢になった者は、退職をするなどして、現役中とくらべると大幅に社会的な役割が減っているという立場におかれることがほとんどである。体のほうも、どこかが不自由になって、自由に行動をするということができなくなる。こうした、まわりの環境の変化や体力の低下が高齢者がうつになる1つのきっかけとなる*6。

3　うつ病の治療目標

　このような、そううつ・うつの治療は、医学的にはどのような目的をもって行われているのであろうか。一般社団法人日本うつ病センターは、うつ病の治療目標として次の４つをあげている[*7]。

①　うつ病のあらゆる症状を軽減し、最終的に取り除く
②　発症前の心理社会的要因および職業的機能を回復する
③　再燃および再発を防止する
④　自殺を防止する

4　そううつ・うつの治療法

　そううつ・うつの治療法として、一般的にあげられているのは次の３つである。

①　心理的治療
　この治療は、本人の考え方や気持ちを違う方向へ変えていくことによりうつを治すやりかたである。うつの人がとてもこだわっていることは、本当はこだわらなくてもいいことなんだ、と思えるように気持ちを変えていくのである。
②　薬物療法
　この治療は、文字通り、薬でなおす。うつは、薬で治るのである。うつを治す薬があるということは、とても重要なことである。脳内の神経伝達物質の足りないところを薬で補うと、うつになる前の普通の状態になることができる。薬が効くということであるから、本人にやる気がないとか、たるんでいるというわけではない。つまり、本人には責任のないことが原因となっているのである。この薬が効くということは、うつというものを正しく理解するうえでとても大切である。
③　社会的治療
　この治療は、本人をとりまく環境を変え、心を痛めているもとになっているものを減らしたり、なくしたりして、心の痛みを減らし

ていく治療である。本章で考えようとしているところにつながる。

II　そううつ・うつの人の感じかた

1　美しいながめ

美しいながめ、花、そのようなものが目に入ったとき、心がひどく落ち込んでいる人は、どのように感じているであろうか。とくに、うつの人一般ということではなく、ある特定のうつの人にとって、ある眺めがどのように見えているかということである。

細川貂々の『ツレがうつになりまして。』には、次のようなシーンがある*8。

> 桜が咲いたので、妻がうつの夫を気ばらしになるかと思って花見につれていく。妻が満開の桜をみて「わーキレイだね」と夫に話しかける。夫は、いっそう落ち込む。妻はせっかくきれいなところにつれてきたのに、夫がどうして落ち込むのかわからないから「なんで？！」とたずねる。すると夫は、「よくわからないけれど満開の桜を見ると　どうして自分はこんなにつまらない存在なんだろうってゆううつになる……」といってさらに落ち込んでいく。妻は、全然気ばらしにならなかったことがわかり、苦笑いしながらやさしく「帰ろっか」と声をかける。

うつでない人にとってのよい眺望・景観が、特定のうつの人にとっては、どうなのか、ということを1つ1つ本人に確認しなければならないのである。

そもそも、自分のいる部屋が明るい、日の光が差し込んでいるという状態がつらいということもある*9。

2　聞こえてくる音

音についてはどうであろうか。ふつうのときは何ともなかった大きさの音が、痛んでいる心を直撃し、はいあがろうとする元気を弱らせてしまうことがある。そういう人は、その人の心にやさしい音が聞こえてきたら、一瞬でもつらいことを忘れるかもしれない。もしかしたら、起き上がるきっかけになるかもしれない。

うつの人は音に敏感である。音楽が聞こえてくると心の状況が悪くなることがある。このことは、共通しているようである[*10]。

同じテレビの音であっても、その音の高さや変化の大きさによって感じかたが違うことがある。先に紹介した『ツレがうつになりまして。』には、次のようなテレビの音のエピソードも出てくる[*11]。

> うつの本人は、つらくて床から起き上がれないから寝ている。妻は、テレビを楽しんでいる。テレビの音がツレにとってつらいとは気づかない。だからのんきに見ている妻にツレがたまらなくなって「テレビの音つらいよー　つらいよー」とひとりごとのようにいう。同じテレビの音でも、バラエティー番組のようにテンションが高いものはとくにこたえるが、教育テレビのようにしゃべりかたが一定していると大丈夫。

うつに苦しんでいる人は、自分のさまざまな症状に対応して、聞こえてくる音により、つらさを増しているということを知ることは大切である。

3　においの感じかた

うつになると、味がわからなくなり、食欲がなくなることがある。味がわからなくなるということは、においを感じることができないということでもある。おいしいにおいがわからなくなっても、いやなにおいは、心を痛めつけることがある。排気ガスなどに敏感になり、より、心が重くなってしまうということがあるだろう。

トレーシー・トンプソン（Tracy Thompson）は、精神病院に入院後のことについて、次のようにいう[*12]。

> 「炭酸リチウムの服用をはじめて数日もたたないうちに、最初に気づいた身体上の変化は、味覚が戻ったということだった。それはまるでセピア色の写真に色彩が戻ってくるような感じだった。ものの味がわかるようになると、甘いもの、とくにチョコレートが欲しくてたまらなくなった。そんな風に感じているのは私だけではないらしく、娯楽室にはブラウニーやクッキーを入れた大皿が置かれ、誰でも好きなだけ食べていいことになっていた。その大皿はしょっちゅう補充しなくてはならなかった」[*13]

チョコレートの味を感じるようになって、食べるよろこびがもどるということは、気分の落ち込んでいる人にとってどれほど素晴らしいことだろうか。薬を適切に処方されることにより、味覚、そして嗅覚がもどってくるのであろう。

III そううつ・うつの人のための法の関わりかた

1 どのような状況が問題なのか

そううつ・うつの人は、どのようにしてそのようになるのか。日常生活のちょっとしたことがきっかけになることもあるし、仕事上のトラブルや職場の環境などから、ふつうであった気分から落ち込んだ気分に変わっている。

本人は、生きていくことができないくらい苦しみ、どうしてよいかわからないでいるのに、家族や職場の人がその深刻さに気づきにくく、気づいたとしても、どのような会話をしらたよいのか、という最低限の対応策も知らないことが多い。

治療をすれば確実に治るのに、医者にみてもらうきっかけがなかなかおとずれない。どうすれば、そううつやうつのまわりにいる人が少しでも早く症状に気づいて本人が医者の治療を受けることができるようになるだろうか。

『ママは躁うつ病』では通院のきっかけを次のように文章にしている[*14]。うつの人が精神科にかかる1つの例である。

「自分の体と心の変化に気づくというのは、とても大切です。

10年前のことになります。

次女を出産してから半年間、夜一睡もできませんでした。が、それを変だとも思わず、それどころか『眠らないのは都合がいい。3時間おきの授乳の都度に起きなくてもいいから』と気楽に考えていました。1日が長いというのも忙しい育児中は助かると。理由もなく涙が流れ続けることも、『死にたい』と感じることも、出産後で精神的に少し不安定になっているだけだと決めつけていました。

昼間、無気力になり体が動かなくなることも寝不足のせいにしていました。

気がついたら家中の包丁を引っ張りだして、腕をきっていたのにはさすがに驚きましたが、それでも自分が病気だとは思いませんでした。

その頃には今のように、テレビなどで『うつ病』が取り上げられていなかったからでしょう。

病院に行くまでに1年が経っていました。

食欲もなく体重が激減し、好きだった読書もできなくなり、テレビも音楽もダメになっていました。心から笑うこともできなくなっていました。

『私は何か変だ』と感じましたが、何なのかわからず、かかりつけの内科へ行きました。号泣しながら話す私を見て先生が、

『私には治せない病気です。いい先生がいらっしゃるから』

と、その場で総合病院の精神神経科を予約してくださいました」

さらに、その精神科へいったときのことを書いている[*15]。

「誰もが、自分が精神科へ通うことになるとは思っていないでしょう。

精神科へ行くのは気の重いことでした。『頭のおかしい人が行く所』という偏見があったからです。そしてまた私も『頭のおかしい人になってしまったんだ』という恐怖。

しかし、実際の精神科の待ち合い室は、とても静かで誰もが『普通』にみえました。私も他人から見れば『普通の人』なのでしょう。

その後、3回の入院で多くの精神科患者と友達になりましたが、皆、真面目で頑張り屋で優しく、細かい心配りのできる人ばかりです。

そういう人だからこそ、こんな病気になってしまうのかもしれません。

最初の診察で『うつ病』と告げられました。知識がなかった私は1カ月くらいで治るだろうと考えていましたが、主治医に

『2年じゃな』

と言われ

『2年もですか』

と泣きました。こんな状態があと2年も続くなんて耐えられないと。

主治医は

『2年もなどと言ってめそめそしているようじゃ、10年経っても治らんわい』

と、おっしゃいました。

そしてその言葉通り、10年経ってもまだ通院しています」

ここで引用した2つの文章のなかには、そううつ・うつというものに対して、実効的な対策をとることの難しさが現れている。

そううつ・うつの人への法律面からの対応をしたり、心の面の改善をはかるためには、本人1人1人が、そのときそのときで何を望

んでいるのか、何をのぞんでいないのか、ということを間違いなくつかむことが大切である。そのつかんだところから、それぞれの個人の本来の人間性をとりもどした生活をすることをめざすことになるだろう。医療政策や福祉政策はそこを出発点として、対策に有効な法律を的確に制定し、実行していくことが求められる。

例えば、多くの医者にかかっていない、そううつとそうの患者が早く専門医にかかることができるようにするためには、どのような環境をととのえたらよいのか。

それぞれ1人1人の個性の違うそううつやうつの人の本当の心の状態に共感をし、本人の本当の心とつうじあってそれぞれの苦しさ、つらさから少しでも気持ちが楽になるというところに対して法が手をさしのべて、早期の治療による早期の完治をするようにするのは容易なことではない。

何か対策を考えようとすると、医療政策であろうと福祉政策であろうと、とかく、政策は大量の人への対応ということを頭におきやすい。アンケートやパブリックコメントの結果が、そううつやうつの1人1人の心の状態をよくすることにつながる政策の実行につながるまでには、相当の配慮がいる。

2　裁判所はどのように考えているのか

司法の世界では、うつはどのように受け取られているのであろうか。うつについては、大手企業の労働者のうつ発症にかかわる2つの最高裁判例がある。

最高裁判所は、平成26年3月24日、使用者の安全配慮義務違反等についての労働者の過失による過失相殺に関する判決のなかで、裁判所がうつの発症などについてどのように考えているのかを示しているところがある（集民246号89頁、裁判所ホームページ裁判例情報登載）。

その要点は、裁判所ホームページの裁判例情報に裁判所がつけた判示事項と裁判要旨のなかに端的に示されているので以下引用する。製造業の大手企業の事案である。

判示事項

労働者に過重な業務によって鬱病が発症し増悪した場合において、使用者の安全配慮義務違反等に基づく損害賠償の額を定めるに当たり、当該労働者が自らの精神的健康に関する一定の情報を使用者に申告しなかったことをもって過失相殺をすることができないとされた事例

裁判要旨

労働者に過重な業務によって鬱病が発症し増悪した場合において、次の(1)〜(3)など判示の事情の下では、使用者の安全配慮義務違反等に基づく損害賠償の額を定めるに当たり、当該労働者が自らの精神的健康に関する一定の情報を使用者に申告しなかったことをもって過失相殺をすることはできない。

(1) 当該労働者は、鬱病発症以前の数か月に休日や深夜を含む相応の時間外労働を行い、その間、最先端の製品の製造に係るプロジェクトの工程で初めて技術担当者のリーダーになってその職責を担う中で、業務の期限や日程を短縮されて督促等を受け、上記工程の技術担当者を理由の説明もなく減員された上、過去に経験のない異種の製品の開発等の業務も新たに命ぜられるなど、その業務の負担は相当過重であった。

(2) 上記情報は、神経科の医院への通院、その診断に係る病名、神経症に適応のある薬剤の処方等を内容とし、労働者のプライバシーに属する情報であり、人事考課等に影響し得る事柄として通常は職場において知られることなく就労を継続しようとすることが想定される性質の情報であった。

(3) 上記(1)の過重な業務が続く中で、当該労働者は、同僚から見ても体調が悪い様子で仕事を円滑に行えるようには見えず、頭痛等の体調不良が原因であると上司に伝えた上で欠勤を繰り返して重要な会議を欠席し、それまでしたことのない業務の軽減の申出を行い、

産業医にも上記欠勤の事実等を伝え、使用者の実施する健康診断でも頭痛、不眠、いつもより気が重くて憂鬱になる等の症状を申告するなどしていた。

過失相殺の判示の詳細は、判決文そのものにあたってもらいたいが、社名を聞けば知らない人はいないと思われる製造業の大企業における労働の現場というものについて、最高裁が、事実審の認定事実を確認している。そして、過失相殺の点については、高裁と正反対の評価をし、原審が摘示する事情をもってしてもなお、この労働者については、次のようにいうべきであると判示した[*16]。

「同種の業務に従事する労働者の個性の多様さとして通常想定される範囲を外れるぜい弱などの特性等を有していたことをうかがわせるに足りる事情があるということはできない（最高裁平成10年（オ）第217号、第218号同12年3月24日第2小法廷判決・民集54巻3号1155頁参照）」（傍点筆者）

最高裁が、上記平成26年3月24日判決で引用する平成12年3月24日判決はどのような事案であったか。これも、裁判所がつけている判決要旨を引用する[*17]。

「1　大手広告代理店に勤務する労働者Aが長時間にわたり残業を行う状態を1年余り継続した後にうつ病にり患し自殺した場合において、Aは、業務を所定の期限までに完了させるべきものとする一般的、包括的な指揮又は命令の下にその遂行に当たっていたため、継続的に長時間にわたる残業を行わざるを得ない状態になっていたものであって、Aの上司は、Aが業務遂行のため徹夜までする状態にあることを認識し、その健康状態が悪化していることに気付いていながら、Aに対して業務を所定の期限内に遂行すべきことを前提に時間の配分につき指導を行ったのみで、その業務の量等を適切に調整するための措置を採らず、その結果、Aは心身共に疲労困ぱいした状態となり、それが誘因となってうつ病にり患し、うつ状態が深まって衝動的、突発的に自殺するに至ったなどの判示の事情の下においては、使用者は、民法715条に基づき、Aの死亡による損害を賠償する責任を負う。

2　業務の負担が過重であることを原因として労働者の心身に生じた損害の発生又は拡大に右労働者の性格及びこれに基づく業務遂行の態様等が寄与した場合において、右性格が同種の業務に従事する労働者の個性の多様さとして通常想定される範囲を外れるものでないときは、右損害につき使用者が賠償すべき額を決定するに当たり、右性格等を、民法722条2項の類推適用により右労働者の心因的要因としてしんしゃくすることはできない」(傍線筆者)

裁判所は、平成12年判決の「労働者の個性の多様さ」(傍線部分)という文脈のなかで、「個性の多様さ」という言葉を用いている。この「個性の多様さ」という言葉は、そのまま平成26年判決のなかでも引用されている。

裁判所は、うつ、そううつを考えるにあたり、1人1人の個性の多様さを考えることを基本に考えている。このような考えかたは、うつ、そううつを考えるときにとりわけ重要になってくる。

3　どのような立法がされているか

うつ、そううつに関しては、最高裁判決の3か月後の2014年(平成26年)6月25日、労働安全衛生法の一部を改正する法律が公布され、そのなかで、労働者のそううつ、うつについて、1つの対応がされている。労働安全衛生法に66条の10を新設し、事業者に対し、労働者に対して心理的な負担の程度を把握するための検査を行うことを義務づけた(1項)。同法は、2015年(平成27年)12月1日に施行された。施行に先立ち、同年4月15日には、同条7項の規定に基づき、「心理的な負担の程度を把握するための検査及び面接指導の実施並びに面接指導結果に基づき事業者が講ずべき措置に関する指針」（平成27年4月15日心理的負担の程度を把握するための検査等指針公示第1号）が出された。

みずからいい出しにくいそううつ、うつについて、職場において、事業者から法的に対応すべき内容が明らかにされてきた。その内容は、1人1人の労働者の多様な個性を前提とする対応である。

このような労働立法に対し、環境立法はどのようになっているだろうか。

うつの人がつらい思いをする騒音についてみる。騒音については、さまざまな規制がされているが、そのなかで、自動車についての立法の一端をみる。

個性をもった1人1人の許容限度は違うはずである。自動車の音、とくに深夜の音については、多くのそううつやうつの人が人にいえずに苦しんでいるのではないか。

例えば、騒音規制法（1968年・昭和43年）16条1項は、環境大臣に、自動車が一定の条件で運行する場合に発生する自動車騒音の大きさの許容限度を定めることを義務づけ、これに基づき、「自動車騒音の大きさの許容限度」という環境大臣告示（当初は1975年・昭和50年9月4日環境庁長官告示）が出されている。そこには、自動車の種別に定常走行騒音、近接排気騒音、加速走行騒音にわけて許容限度が定められている。

自動車の騒音（イメージ）

これとは別に、環境基本法（1993年・平成

5年）16条1項は、旧公害対策基本法9条1項を引きつぎ、政府に対し人の健康を保護し、および生活環境を保全するうえで維持されることが望ましい基準を定めることを求め、環境庁（現環境省）は、1998年（平成10年）9月30日、「騒音に係る環境基準について」を定めている。そこでは、地域の類型ごとに、昼間と夜間の基準値を定めている。

このうつの人にとってつらい思いをする原因となる音については、さまざまな環境について設定される規制基準や望ましい値である環境基準が定められている。それらはすべて、あくまで、平均的な基準であって、個性のある1人1人の受け止めかたを考えているわけではない。

IV 環境法は何ができるのか

1 そううつ・うつの人たちのおかれている環境

そううつやうつの1人1人のおかれているそれぞれの個別の環境を考えるときも、一般的な法的対応を考えるときと同じである。

本人は、さまざまな意味で、いまある環境のなかで苦しんでいる。ほんのちょっとしたきっかけがあったために、ごくふつうの気分で生活していた人が死にたくなるような心の苦しさを味わっている。環境のどういったところを変えていけば少しでも気分を変えることができるのだろうか。一緒にいる家族や職場の人のちょっとしたもののいいかたが本人のはげましになるように、本人をとりまく環境を少しでも変えることによって心のもちようを変え、よくするようにできるのではないか。

そううつやうつの人が、大変だった1日を何とか終えて床についたとき、少しでも安眠を助けるような環境を目指したい。

音は、安眠を妨害する大きな要素である。例えば深夜のオートバイの騒音は、せっかくうつらうつらしてきたそううつやうつの人に対する重大な打撃になる人権の侵害である。

家族も気をつける必要がある。音は、家庭内の方が大きいこともある。テレビは、小さい音にしていても、コマーシャルになると突然音が大きくなることがある。そううつやうつの人とともに生活している家族にとっては、テレビはささやかな楽しみであることが多いであろう。それが、本人に対する打撃になっているかどうかをいつも気をつける必要があるだろう。

そううつやうつの症状がすすむと、朝になっても床から起きることができないということもある。そのような状態のときにも、音が心をさらに痛めることがある。

ゆっくり眠るためには、明るさも大切である。そううつやうつの人が寝る環境というものはさまざまだろうが、それぞれの環境にあわせて、明るさが適度であるのかということを考える必要もあるだろう。家の近くに何かの店があり、深夜まで、その照明や看板を照らすライトの明るさが強く、まわりをこうこうと照らしているということもある。それがなんらかのきっかけで寝ているところを明るくすることもあるだろう。

少しは運動をしたほうがいいと、そううつやうつの人を連れ出して少し家のまわりを歩いてみることもある。体をうごかすことはよくても、外の人たちが元気そうに道を歩いているのを見て、自分とくらべて気分が落ち込むということもある。どのような人が通る道か、どのような眺めの道か、ということも、本人の心のもちようにかかわってくるから、よく本人の心の動きというものをまわりの者が配慮しているということも大切である。

2　環境法はそううつ・うつの人たちに何ができるのか

人間は、それぞれ個性がある。それぞれの個性をもちながら、ある環境のもとにおいて、発症する。その環境は労働環境や、人間関係にかかわる環境が相対的に目立つ。

とりあげた最高裁判所の2つの判決は、この人間の個性を重視している。判断の場面が過失相殺であっても、それは判断の場面であって、そこには、最高裁の考える人間像が現れている。もちろん、これまでも裁判所は、公害に関する損害賠償訴訟において、被害者の方の個性を重視してきた。騒音についていえば、大阪国際空港夜間飛行禁止等請求事件（最大判昭和56年12月16日民集35巻10号1369頁）において、原告らの陳述書やアンケート調査等について証拠価値を認めるにあたり次のようにいっている*18。

> 「人が、本件において問題とされているような相当強大な航空機騒音に暴露される場合、これによる影響は、生理的、心理的、精神的なそればかりでなく、日常生活における諸般の生活妨害等にも及びうるものであり、その内容、性質も複雑、多岐、微妙で、外形的には容易に捕捉し難いものがあり、非暴露者の主観的条件によっても差異が生じうる反面、その主観的な受けとめ方を抜きにしてはこれを正確に認識、把握することができないようなものであることは、常識上容易に肯認しうるところである」

人間というものが個性のあるものであることはあまりにも当然のことである。この最高裁大法廷判決は、そのことを証拠価値の判断という文脈において、きわめて的確に指摘している。一般には、公害の対策を考え、環境を守るという場面になると、どうしても、ある地域のことを問題にしたり、そこにいる多くの住民を全体として見がちである。そううつやうつに関係の深い騒音規制についても個性に応じた対応というものがしにくい面があった。

そううつやうつを発症する人たちは、それぞれすばらしい個性をもっている。そうであるからこそ発症したといえる人もいるのではないか。

そのような人のおかれている環境を考えるにあたっては、その一人一人の性格、特性、個性というものを大事にすることが何より大切である。全体をいくら大切にしても、一人一人の個性にあった環境というものが忘れ去られては、人は救われない。

そううつとうつの治療は困難であるが、適切な治療を受けることができれば治る。ただ、かなり時間がかかる。再発も少なくない。入院を繰り返すこともある。うつになった個人、家族、社会にとって、うつを少しでも軽くし、治療期間を短くし、より多くの人が治るようにし、再発を防ぐことは、現代の日本社会にとって重要な課題である。

だからこそ、そううつやうつの人に対面する医師や福祉行政、そしてその人たちの環境の改善にかかわる人は、なによりも一人一人個性の異なる人たちの命のさけびを受け止め、その個性に応じて対応することが大切であろう。

*1 そううつとうつに関する多くの文献のなかで、とくに次のものを参照したが、この病気の全体的イメージにかかわること、詳細な注を付すことによりかえって読みにくくなると判断した箇所については、あえて参照箇所を指摘していない。

文月ふう『ママは躁うつ病』（星和書店、2013年）（本書はとくに女性のうつ、後掲の細川著の3冊はとくに男性のうつを理解するうえで貴重である）。

細川貂々『ツレがうつになりまして。』（幻冬舎文庫、幻冬舎、2009年）（なお、「ツレ」とは本書の作者である妻が、うつにかかった夫を呼ぶ呼称である。以下、引用文中でも同様である）。

細川貂々『その後のツレがうつになりまして。』（幻冬舎文庫、幻冬舎、2009年）。

細川貂々『7年目のツレがうつになりまして。』（幻冬舎文庫、幻冬舎、2013年）。

トレーシー・トンプソン著・藤井留美訳・大野裕監修『うつ病と闘ったある少女の物語』（大和書房、1997年）。

大野裕『最新版「うつ」を治す』（PHP新書、PHP研究所、2014年）。

アメリカ精神医学会著・髙橋三郎・大野裕監訳『DSM-5 精神疾患の診断・統計マニュアル』（医学書院、2014年）（以下『DSM-5』という。なお、DSMとは、アメリカ精神医学会（APA）が作成しているDiagnostic and Statistical Manual of Mental Disordersのことであり、精神疾患の診断と統計マニュアルである）。

*2 大野・前掲注1　59頁、『DSM-5』前掲注1　124頁。

*3 大野・前掲注1　61頁、『DSM-5』前掲注1　125、160頁。

*4 文月・前掲注1　128-130頁。

*5 大野・前掲注1　85-91頁。

*6 同上92-94頁。

*7 一般診療科におけるうつ病の予防と治療のための委員会「うつ病診療の要点—10」（http://www.jcptd.jp/medical/point.html、2016年11月アクセス）。

*8 細川・前掲注1『ツレがうつになりまして。』72頁。

*9 文月・前掲注1　18頁。

*10 同上。

*11 細川・前掲注1『ツレがうつになりまして。』55頁。

*12 トレーシー・前掲注1　186頁。

*13 炭酸リチウムは、商品名がリーマス、リチオマールなどであり、そううつの両方に効果があり、自殺予防効果が実証されている唯一の薬剤である。ただし、長期間の服用で障害がでたり、血中濃度の変化で中毒症状がでることもあるので、慎重な服用が必要である。大野・前掲注1　194頁。

*14 文月・前掲注1　8-9頁。

*15 同上46-47頁。

*16 最判平成26年3月24日集民246号89頁。

*17『最高裁判所判例解説 民事篇 平成12年度（上）』（法曹会、2003年）346頁。

*18 最大判昭和56年12月16日民集35巻10号1383頁。

第3章 認知症の人に向ける環境法の目

認知症の人は、日頃、かなり、緊張をしながら生活をすることを強いられている[*1]。とくに音については過敏なところがある。そのような人が精神を解放することができるような、自然が豊かで、不必要な人工的な音がないような場所を意識してつくる必要もあるのではないか。

認知症の人がやっと公園にたどり着いたとき、入場券の買い方を理解することができなかったり、財布のなかの小銭の種類を区別するのに時間がかかったりするときには、窓口の人が察して、自ら対応し、あるいは、その人の後に並んで待っている人にそれとなく情報を与えて、せき立てないようにしてもらう。そのようなことがなければ、認知症の人は公園に入らず、二度と公園へ行こうとは思わなくなってしまうのではないか。

認知症の人は、よく外に出て歩きまわるという行動をとる。家や施設のなかにいるだけでは面白くないので、歩いてみたくなるのではないか。そこで感じとることそのものが、認知症の人にとっての楽しみになっているのだろう。本人としては、自分の住所や連絡先を書いたものを必ずもつとともに、帰り道がわからなくなって立ち往生している人がいたら、その人に声をかけ、助けてあげるようなことが自然に行われる街であってほしい。そのような支援があって初めて、認知症の人が街の様子を楽しんだりすることができるのであろう。自宅や施設などから出て街の様子(それにはよい景観も含まれる)を楽しむということは、認知症の進行を遅らせることにつながるであろう。

認知症の人を念頭においた騒音対策のレベルは、一般の人に対する騒音対策のレベルでは足りない。そのような対策のレベルでは、一般の人と同じように快適な生活をするレベルには到達しない。認知症の人が一般の人と同じように快適な生活をするためには、その人により強い地位や権利を認め、それを前提としてその人にふさわしい深い配慮をした対策をとらなければならないであろう。

そのような制度をつくり出していくためには、認知症の人が、一般の人と同程度の快適な生活をする利益を有しているということを社会一般の常識になるようにしなければならない。環境にかかわる法律や条例を制定するにあたっては、つねに少数の弱い立場におかれている人がいることを前提とし、その立場にいる人も法律や条例の制定過程に参加できるようになっているということはあたりまえのことのはずである。

今日の環境法は、1人1人の環境の状況の違う認知症の人に目を向け、その人にとっての恵まれた環境とはどのようなものであるか、恵まれていなかったらどうしたらよいのか、というところに目が届いているであろうか。

これまでの環境法の研究は、主に、地球環境政策、循環型社会形成のための政策、環境リスクを適切に管理するための政策など、環境政策の大きな方向づけとその具体的法制度の確立に力を注いできたといえよう*2*3。そのような点を重視してきたということについては私も同じである。

私は、環境法の研究と教育の生活を過ごしてきた。それ以前は、21年間にわたり、裁判官を主体とする法律実務家であった。定年が見えてきた2013年、先輩弁護士から誘いがあり、翌年に弁護士の登録をした。新人研修などでほんのわずかずつではあるが再び法律実務にかかわるようになった。弁護士の仕事は、自分の前にいる者の運命に直接かかわる点で裁判官と共通する。

今日の環境法は、2011年（平成23年）3月11日の東日本大地震を契機とする東京電力福島第1原子力発電所の事故による被害者の方、水俣病の方、アスベストを被曝した方などをはじめとして、さまざまなところで、1人1人の特定の環境破壊の被害者に対する救済に向けた真摯な対応をしている。そうはいっても、環境法研究の全体の大きな目線はどうなっているのかと問われれば、国内外の大きな政策課題や化学物質などの環境リスク管理の方向に向きがちであるということはいえるのではないか。再び法律実務を行うようになったころから、そのような思いが少しずつふくらんできた。

この社会のなかには、環境の恵沢を受けることについて、一般の人よりも劣悪な状況におかれている人たちがたくさんいる。その特定の人ごとに適切な対応をすべきことについて、立法、行政、司法、マスコミ、インターネットなどが積極的にとりあげていないのではないか。そのため、私たち研究者も気づきにくい。劣悪な環境におかれている人たち自身が声もあげていないということもあろう。そもそも、自分のおかれている状況が劣悪かどうかということすら理解することができないでいる人もいるだろう。

私は、一般の人をあたりまえに照らしている環境法という光が、まだ届いていない人たちに届くよう、環境法の視野を拡げたいと思っている。

I　認知症の人クリスティーン

1　認知症の人の発信

オーストラリアのクリスティーン・ボーデン（Christine Boden）は1949年（昭和24年）にイギリスで生まれ、46歳で認知症の代表的な症状であるアルツハイマー病の診断を受け、オーストラリア政府の首相内閣省第1次官補を退職した。1998年（平成10年）には、アルツハイマー病とは別の認知症である前頭側頭型認知症と再診断され、同年、“WHO WILL I BE WHEN I DIE ?”を出版した*4。

彼女は1999年（平成11年）、ポール・ブライデンと再婚し、ブライデンに改姓し、2005年（平成17年）には、“DANCING WITH DEMENTIA: MY STORY OF LIVING POSITIVELY WITH DEMENTIA”を出版した*5。

このような認知症の人自身の発言を聞きながら、ある特定の認知症の人の環境はどのようにあるべきか、多くの認知症の人にとってのよい環境はどのようなものであるのか、ということを考えたい。

2　高い精神活動

クリスティーンは、2003年（平成15年）に来日し、京都へ行ったときのことを次のように述べている*6*7。

「それから、私たちは、2004年にADI会議の開催が予定されている京都を旅した。寺と城、路地と石畳のあるこの都市の小高い丘に、すばらしい会議場を見つけた。京都のお寺でNHKのインタビューを受けたのも光栄なことだった。神秘と歴史に浸りながら秋の紅葉に彩られた静かな庭を歩き、一本の樹木や一枚の葉にも荘厳な自然を感じることができた。

ひとりの僧侶が案内に立ち、私たちに抹茶を供して、自然の大切さについて話してくれた。花のつぼみは命の可能性を表現していること、入念に配置された簡素な庭園は神を映しているさまについて語った。私は認知症がある者として、いかにして『今』という時のこの自然の美しさの中に生き、ひとつひとつの花や葉の美しさに目をとめているかを語り、わかちあった。また、クリスチャンとして、神の美しき創造の中にある私の人生の一瞬一瞬、一日一日の喜びにどう目を向けるかについても語った。文化や信仰の違いを越えて、認知症の人と智慧の人が通じ合えた特別な時間だった。私たちは魂と魂とでつながりあい、深遠な意味をやりとりすることができた」

その少しあとでは、次のようにもいっている[*8]。

「最近、数年前まで住んでいたキャンベラに行った。それは私にとって、いろいろなことを振り返って考えることができた特別な時間になった。リラックスできて幸せなひと時だった。自然環境、植物、景観の美しさは、強い視覚的記憶になって、なぜかしら私の魂を立ち直らせてくれた。ユーカリの木、ポッサム、オウム、澄んだ冷たい空気は、私にとてもスピリチュアルで満ち足りたひと時をもたらし、大きな安らぎに満たされていくのを感じた」

II 認知症の人に向ける政府の目線

1 従来の目線

「『痴呆』に替わる用語に関する検討会」は、2004年（平成16年）12月24日、報告書を出し[*9]、「認知症」という用語を使うように求めた。以後「痴呆」の用語は用いていない。同報告書の結論は以下のとおりである。

① 「痴呆」という用語は、侮蔑的な表現である上に、「痴呆」の実態を正確に表しておらず、早期発見・早期診断等の取り組みの支障となっていることから、できるだけ速やかに変更すべきである。
② 「痴呆」に替わる新たな用語としては、「認知症」が最も適当である。
③ 「認知症」に変更するにあたっては、単に用語を変更する旨の広報を行うだけではなく、これに併せて、「認知症」に対する誤解や偏見の解消等に努める必要がある。加えて、そもそもこの分野における各般の施策を一層強力にかつ総合的に推進していく必要がある。

報告書は、「『認知症』に対する誤解や偏見の解消等に努める必要がある」と指摘している(③)。

木之下徹医師は、「2002年に訪問診療のクリニックを始めました。都内でもこの当時、座敷牢に閉じ込められている人。あるいは畳がはがされて、コンクリートの上にビニールシートが敷かれていて、その上に下半身裸で失禁したまま放置されている人。そういう風景をよく見かけました」と述べている*10。

さらに、同医師は、「家族や周囲の人のために私は[精神病薬を]処方していたんです。[薬を]飲まされる人のことを何も考えてなかった。[改行]自分自身が認知症になって、自分が目の前の人だったらと考え始めたら、当たり前に飲まされる人の視点で考えなくてはならない。でも考えていなかった。重大な欠陥です」と述べた上で、「『見方』がかわると『生きる姿』までもが変わってくることが現に起こってきます。左[ロック付きつなぎ服の写真：省略]が、古い『認知症患者』のイメージです。認知症の人の便いじりや放尿を封じ込めるため、ロックをつけた『つなぎねまき』などが開発され、推奨されました。施設には厳重に鍵が施されていました。『囚人』にかなり近いイメージです。右［5、6人くらいの人が立って楽器を演奏している写真：省略］は、新しい姿。認知症の人とつくる楽団です。デイケアに通う50代の認知症の男性が、若いころクラリネットに打ち込んでいたとわかったのをきっかけに、他の利用者や妻たち、職員が一緒になって音楽の練習を始めました。数年前には想像もしなかったような『姿』が生まれてきています。この施設では日中、鍵はかけません」（［　］内は筆者）という紹介をしている*11。

厚生労働省は、2009年（平成21年）3月19日に、「若年性認知症の実態等に関する調査結果の概要及び厚生労働省の若年性認知症対策について」を発表した*12。若年性認知症は、65歳未満で発症する認知症とされているが、2006年度（平成18年度）から2008年度（平成20年度）の3年間の調査で、若年性認知症の数は、3.78万人と推計された。

厚生労働省認知症施策プロジェクトチーム（主査は厚生労働政務官）は、2012年（平成24年）6月18日、「今後の認知症施策の方向性について」を公表した*13。冒頭のⅠの見出しは、「これからの認知症施策の基本的な考え方」であり、その2つめの見出しは「今後目指すべき基本目標——『ケアの流れ』を変える」である。そこには冒頭に次にようなことが書いてある（2頁）。

> 「○　このプロジェクトは、『認知症の人は、精神科病院や施設を利用せざるを得ない』という考え方を改め、『認知症になっても本人の意思が尊重され、できる限り住み慣れた地域のよい環境で暮らし続けることができる社会』の実現を目指している。

この実現のため、新たな視点に立脚した施策の導入を積極的に進めることにより、これまでの『自宅→グループホーム→施設あるいは一般病院・精神科病院』というような不適切な『ケアの流れ』を変え、むしろ逆の流れとする標準的な認知症ケアパス（状態に応じた適切なサービスの提供の流れ）を構築することを基本目標とするものである。（P27参考資料1参照）」（傍点・下線筆者。以下同じ）

この報告の冒頭から、精神科病院の利用についての指摘があることが注目されるが、それとともに、従来の考えを改めて「認知症になっても本人の意思が尊重され」という文言がある。そして、よい環境のことにも触れている（傍点部）。しかし、全体のトーンとしては、上記引用部の下線部のように、「ケアの流れ」を変えるということを強調している。その政策の重点は、認知症の人の側ではなく、ケアの側の対応にあるといえよう。同文書の5頁以下には、「認知症の人の精神科病院への長期入院の解消」として、次の記述がある（5頁）。ケアが不適切であることを繰り返し指摘している。

「○　認知症の人の不適切な「ケアの流れ」の結果として、認知症のために精神病床に入院しているの人数は、5.2万人（平成20年患者調査）に増加し、長い期間入院し続けるという事態を招いている。

○　これは、現在の認知症施策が、次の5つの問題点に適切に対応できていないことが背景にある。

①　早期の診断に基づき、早期の適切なケアに結びつける仕組みが不十分である。このため、早期の適切なアセスメントによるケアの提供、家族への支援があれば、自宅で生活を送り続けることができる認知症の人でも、施設や精神科病院を利用せざるを得なくなっている。

②　不適切な薬物使用などにより、精神科病院に入院するケースが見受けられる。

③　一般病院で、身体疾患の合併等により手術や処置等が必要な認知症の人の入院を拒否したり、行動・心理症状に対応できないの

で精神科病院で対応してもらう等のケースがある。施設でも、行動・心理症状に対応できないので、精神科病院に入院してもらうケースがある。

④　認知症の人の精神科病院への入院基準がないこともあり、必ずしも精神科病院への入院がふさわしいとは考えられない認知症の人の長期入院が見られる。

⑤　退院支援や地域連携が不十分であり、精神科病院から退院してもらおうと思っても地域の受入れ体制が十分でない」

厚生労働省は、2012年（平成24年）9月5日、「認知症施策推進5か年計画」（オレンジプラン）（2013年・平成25年度から2017年・平成29年度までの計画。現在では旧オレンジプラン）を策定して施策の推進をはじめた。この計画は、別紙をふくめてわずか4頁のものである*14。本文にあたるところは、文章にはなっておらず、簡単なレジュメのようなものである。冒頭のⅠ．の見出しは、「標準的な認知症ケアパスの作成・普及」である。全体としても「ケアの流れ」に視点をおいていたと評価することができる。前記2012年（平成24年）6月18日の「今後の認知症施策の方向性について」の要点も従来の行政においてはケアの流れが不適切であったと繰り返し指摘し、ケアの流れを変えようと呼びかけているものであった。

2　新しい目線

2014年（平成26年）11月、安倍晋三首相は、認知症サミット日本後継イベントにおいて、厚生労働大臣に対し、認知症施策を加速させるための戦略の策定について指示した。上記5か年計画がまだ、1年半しか経過していない時期である。

厚生労働省は、関係省庁と共同して検討をし、2015年（平成27年）1月27日、「認知症施策推進総合戦略（新オレンジプラン）——認知症高齢者等にやさしい地域づくりに向けて」をとりまとめ、認知症施推進関係閣僚会合において、この「認知症施策総合戦略」が資料として配布され[*15]、認知症施策推進のために関係省庁が一丸となって協力することを申し合わせた。

この会合の冒頭に安倍首相は挨拶をしたが、その前半部分は以下のとおりである

> 「我が国では、高齢者の４人に１人が認知症又はその予備群と言われています。認知症は、今や誰もが関わる可能性のある身近な病気です。
>
> 世界各国でも認知症の方は増加しており、その対応は世界共通の課題となっていますが、最も速いスピードで高齢化が進む我が国こそ、社会全体で認知症に取り組んでいかなければなりません。
>
> こうした認識の下、認知症の方に寄り添い、認知症の方がより良く生活できるような社会の実現を目指し、新たな戦略を作成することになりました」

この安倍首相の挨拶のなかにある、「認知症の方に寄り添い、認知症の方がより良く生活できるような社会の実現を目指し」というところは、認知症の人の視点に立って認知症の人のためになる政策を実行していくという決意を表明しているといえるであろう。

新オレンジプランの第１.基本的考え方では、冒頭に「認知症高齢者等にやさしい地域づくりを推進していくため、認知症の人が住み慣れた地域のよい環境で自分らしく暮らし続けるために必要としていることに的確に応えていくことを旨とし」ながら、施策を総合的に推進していくための７つの柱を示している。

⑴　認知症への理解を深めるための普及・啓発の推進
⑵　認知症の容態に応じた適時・適切な医療・介護等の提供

(3)　若年性認知症施策の強化
(4)　認知症の人の介護者への支援
(5)　認知症の人を含む高齢者にやさしい地域づくりの推進
(6)　認知症の予防法、診断法、治療法、リハビリテーションモデル、介護モデル等の研究開発及びその成果の普及の推進
(7)　認知症の人やその家族の視点の重視

この(7)の内容は次のとおりである。

> 「これまでの認知症施策は、ともすれば、認知症の人を支える側の視点に偏りがちであったとの観点から、認知症の人の視点に立って認知症への社会の理解を深めるキャンペーン（再掲）のほか、初期段階の認知症の人のニーズ把握や生きがい支援、認知症施策の企画・立案や評価への認知症の人やその家族の参画など、認知症の人やその家族の視点を重視した取組を進めていく」

国は、上記の私が傍点を付したところで、認知症に関する政策の目線を「認知症の人を支える側の視点」から「認知症の人やその家族の視点」に転換すると明言している。下線を引いたところは、認知症施策の企画・立案への認知症の人とその家族の参画を明記している。

この政策における視点のおき方、そして、認知症の人の政策の企画･立案への参画に新オレンジプランの真髄があると受けとりたい。

新オレンジプランの前文では、このプランは、「厚生労働省が、内閣官房、内閣府、警察庁、金融庁、消費者庁、総務省、法務省、文部科学省、農林水産省、経済産業省及び国土交通省と共同して策定したものであり、今後、関係府省庁が連携して認知症高齢者等の日常生活全体を支えるよう取り組んでいく」と結ばれている。環境省は､オレンジプランの共同策定官庁に入っていないようであるが、

「関係府省庁」には入るであろう。認知症高齢者などの日常生活を支える施策を進めるにあたっては、ある特定の認知症の人それぞれが望んでいる環境をめざす、という視点をもつことが必要である。行政が政策の転換を明言しているのであるから、ある特定の個人としての認知症の人に対するあらゆる政策を考えなければならない。この政策には環境政策も含まれる。

3　政府が説明する認知症の症状

政府は、現在、認知症をどのように定義づけ、その代表的疾患、その症状をどのようにとらえているであろうか。認知症の定義についてはそのまま引用する[*16]。

> 「『認知症』は、老いにともなう病気の一つです。さまざまな原因で脳の細胞が死ぬ、または働きが悪くなることによって、記憶・判断力の障害などが起こり、意識障害はないものの社会生活や対人関係に支障が出ている状態（およそ6か月以上継続）をいいます」

認知症の症状は5項目（以下の⑴から⑸）にわけられる。加齢によるものと認知症によるものの違いは以下のとおりである（一部筆者が修正した）。

⑴　体験したことの忘れ方の違い

［加　齢］

一部を忘れる。例えば、朝ごはんのメニューを忘れる。

【認知症】

すべてを忘れている。例えば、朝ごはんを食べたこと自体を忘れる。

⑵　もの忘れをしていることの自覚があるかどうかの違い

［加　齢］

忘れていることの自覚がある。

【認知症】

忘れていることの自覚がない。

⑶　探している物がみつからないときにとる対応の違い

［加　齢］

（自分で）努力してみつけようとする。

【認知症】

誰かが持って行ったなどと、他人のせいにすることがある。

⑷　日常生活への支障があるかないかの違い

［加　齢］

日常生活への支障がない。

【認知症】

日常生活への支障がある。

⑸　症状の進行の様子についての違い

［加　齢］

症状は極めて除々にしか進行しない。

【認知症】

症状は進行する。

認知症の代表的疾患には、①アルツハイマー型認知症、②脳血管性認知症、③レビー小体型認知症、④前頭側頭型認知症がある。

認知症の症状は、中核症状と行動･心理症状がある。中核症状は、脳の神経細胞が死んでいくことにより、周囲で起こっている現実を正しく認識することができなくなるというものである。認知症の中核症状とその具体的内容の一部をあげると、以下の⑴から⑸のようになる。

⑴　記憶障害

記憶することができない。記憶していることを思い出すことができない。記憶そのものをなくしてしまう。

⑵　見当識障害

今日が何日であるかとか、今が何時であるかがわからない。外出するとどこいるのかがわからなくなり、どのようにすれば自宅に帰ることができるかがわからなくなる。

⑶　理解・判断力の障害

会話をしていて話の内容が2つ以上のことにかかわってくると話している相手が誰であるかわからなくなってしまう。

⑷　実行機能障害

ある商品を1個買えば足りるのに、何個も同じものを買ってしまう。料理をするときに、なべで煮物をつくりながら炒め物をするというように同時に2つの動作をすることができない。

⑸　感情表現の変化

自分の周りで起きている状況をそのとおりにわかるということができなくなる。そのため、周りの人たちの予想できない行動をとり、あるいは感情を表すということが起こる。

ここに掲げた政府の認知症の人についての説明は、先に取り上げたクリスティーンや後に取り上げる佐藤雅彦という2人の認知症の人のイメージと一部で一致しているようにみえるところもあるが、全体としては、かなり離れている。ここに政府が掲げている認知症の人のイメージは、あくまで、認知症の人一般、というカテゴライズされたものであり、特定の認知症の人がこのような症状をすべてもっているわけではない。政府のインターネットによる発信が力をもつようになると、そこにおける説明は、誤解の起きないように周到な検討を経る必要があるであろう。このホームページの作成にあたり、認知症の人の意見を政府は聞いているのであろうか。

Ⅲ ある特定の認知症の人と向き合う環境法

1　佐藤雅彦のメッセージ

佐藤雅彦は、2014年（平成26年）、認知症の人としてみずから発言する著書を出版した。佐藤が、自分のなかの異変を自覚したのは45歳のときである。課内会議の議事録を書こうとして、会議の要点をまとめることができなくなった。さらに、あるデータをパソコンに入力しながら、一定時間おきにある書類をファックスで送るということができなくなる。つまり、2つのことを同時にすることができなくなる。その6年後の51歳のとき、すでに、事務職から配達をする仕事に変わっていたが、配達先をみつけるのに時間がかかることや、帰り道で迷うことが多くなり、精神科を受診する。CT（コンピュータ断層撮影）を撮ったあと医師から突然「脳に萎縮が見られます。アルツハイマー病です」と告知されたという[*17]。

佐藤は、著書『認知症になった私が伝えたいこと』第4章「認知症と生きる私からのメッセージ」において、多くの呼びかけをしている。以下、それぞれのメッセージの一部をとりあげてみよう[*18]。

「地域の人へ
　認知症の人を、自分たちと違う人間だと考えるのではなく、ともに歩む仲間だと考えてください。
　認知症の人は、何もわからない人ではなく、劣っている人でもなく、かわいそうな人でもありません。
　私たちも、いきいきと豊かに暮らしたい。
　施設や病院に閉じ込められるのではなく、町に出て、買い物をしたり、喫茶店でおしゃべりをしたり、認知症になる前と変わらない暮らしを望んでいます。
　そのために、認知症という病気を、正しく理解してください。
　認知症の人は、何かをするのに時間がかかったり、よく失敗したりしますが、そんなときも、どうかあたたかく見守ってください。
……認知症の人について、『徘徊（はいかい）』ということがよく言われます。でも『徘徊』などという言葉は、使わないでほしい。私たちも、地域の、社会の一員です。同じ仲間として、受け入れてもらいたいのです」

行政に対しては、佐藤は次のようにいっている[*19]。

「行政へ
『認知症になったら何もわからない』『何もできない』という偏見は、認知症本人が自分の能力を信じて生きる力を奪うものです。
行政として、こうした偏見をなくしていくための努力が求められています。
現在、早期診断が広がっていますが、支援体制のほうは不十分なままです。
『初期』で診断されることで、『自立している』とみなされてしまい、必要なサービスが受けられないことがあるのです。
本人が自立に向けて努力すればするほど、制度の適用から除外され、見捨てられることになるのは、おかしいと思います。
……認知症の人は、どんなことに不安があって、どんなサービスを必要としているのか。
認知症を体験している本人だからこそ、わかることがあります。
政策委員などにも、認知症の人をふくめるべきではないでしょうか。
十把一絡（じっぱひとから）げにせず、個別性を大事にして、認知症本人の意見や提案に、耳を傾けてください。
そして、私たちを抜きに決めないで下さい」

最後はすべての人への佐藤のメッセージである[*20]。

「すべての人へ
認知症になりたくてなる人はいません。

……本人は、何も考えられない人ではなく、豊かな精神活動を営むことができる人です。

本人は、医療や介護の対象だけの存在ではなく、どんなときでもかけがえのない自分の人生を生きている主人公です。

本人は、自分のやりたいことや、自分のできる仕事、ボランティアなどをつうじて世の中に貢献できる、社会の一員です。

……人間の価値は、『これができる』『あれができる』という有用性で決定されるのではありません。何もできなくても、尊い存在なのです。

私は、これからも広く、認知症の人はこういうふうに考えているのだということを、社会に向けて訴えていきたいと思います」

2　音に対する敏感さ

認知症でない人が楽しそうな会話を耳にしたら、自分も楽しくなるだろう。

クリスティーンは、音について次のように述べている*21。

「……にぎやかで広いレストランの中で、大きなテーブルのまわりに私たちは12人ぐらいで座っていた。ピアニストが、すてきなバックグラウンドミュージックを奏でていた。すばらしい友達、おいしい食事、楽しい会話、すてきな音楽――私は、その夜を本当に楽しむはずだった。しかし、そうはならなかった。私は自分が消えていくように感じた。音が遠のいていき、顔に焦点が合わなくなって、みんなが話していることに段々集中できなくなってきたことに気がついた……。[自宅に帰ると] もうそれ以上何もできず、頭の中で

様々な音が流れるにぎやかな人混み（イメージ）

は騒音が反響していた。眼は疲れて乾き、体中の力が抜けたように感じた。……

にぎやかなショッピングセンターには、さらに近づきにくい。店で流れる『バックグラウンドミュージック』の大きな音や、レジの引き出しの鳴る音、人々の話し声や、子どもの泣き声、そういうものが私をとても疲れさせてしまうのだ。静かな店へちょっと買い物に行くことでさえも、誰かと一緒に行くとなると、まわりの光景と音に慣れ、買い物を決めると同時に、会話も続けなければならない、と思うことでストレスを感じる」

また、佐藤は、音について次のように述べている[*22]。

「身のまわりの音や、人の話し声が非常にうるさく感じられ、そのせいで疲れやすくなっています。体調不良を起こすと、耳鳴りが激しくなります。また、持続力、集中力、注意力が低下していきます。

耳栓をしたり、好きな音楽をイヤホンで聴いたりしながら、ストレスをやわらげています。ただし、外の音が聞こえなくても、危なくない場所に限ってですが。

音をまったく受けつけないこともあります。音がうるさくて、外出や外食にでることができなかった時期もあります。

そうした場合は、無理をせず、外出するのを控えました。

美しい風景を写したDVDを、音を消して見て過ごして、平静を取り戻したこともあります」

クリスティーンと佐藤は音についてかなり似たことをいっている。それによると、認知症の人は、認知症でない人と比べると、かなり音に敏感であり、同じ音量の刺激があったとしても、認知症の人には脳へのかなりの打撃になり、とくに、複数の音が同時に発せられるとその打撃の程度が格段に強くなるということである。

それでは、現代の日本における一般市民の騒音に対する苦情はどのようになっているであろうか。

2014年（平成26年）12月19日に公害等調整委員会が公表した「平成25年度公害苦情調査――結果報告」によると、最近5年間に市町村に寄せられた騒音の苦情は、典型7公害（環境基本法2条3項）のなかで唯一増加傾向にある。典型7公害の2013年度（平成25年度）の苦情件数の全体は、5万3,039件であり、このうち、騒音は1万6,611件であった。内訳は、工事・建設作業5,765件、産業用機械作動3,467件などである。騒音被害の発生地を都市計画法による都市計画地域でみると、8,292件が住居地域でほぼ半数である。

これとは別の角度からみてみると、同年度の典型7公害を含めた全苦情件数7万6,958件のうち、感覚的・心理的被害が71.3%を占めている。感覚的・心理的被害は、うるさい、臭い、汚い、不快など心身の健康を害するに至らない程度のもので、実際に治療を受けていない状態の被害をいうとされている。「うるさい」という苦情の多いことがわかる。

では、市町村の窓口で騒音に対する苦情の対応をしている人は、苦情を寄せてきた人がどのような人であるかということをどの程度確かめているのであろうか。例えば、目の前にいる人が耳について何か症状をもっている人ではないか、あるいは、窓口に来た人自身が苦情をいっているのではなく、誰か別の人の代わりにきているとき、騒音で困っている人がどのような人なのか、そこに認知症の人や認知症の疑いのある人はいないのか、ということを確認するということをすると、実態の一端が明らかになり、適切な対応をする手がかりが見つかるということもあるのではないか。

音について苦情にとどまらず調停を申し立てたり、裁判を起こしたりする人も少なくないと思われる。一般の人と、認知症の人が世のなかに混在しているとき、認知症の人の敏感さというものは無視されてしまうのであろうか。

水戸地裁昭和60年12月27日判決の放送塔使用禁止等請求事件[*23]は、茨城県内に住む画家が自宅付近の放送塔の拡声機からの騒音に悩まされて提訴した事案である。判決は、「社会生活に随伴して発生する騒音公害に関する事件においては、騒音発生行為の差止めないし損害賠償の請求権の成否については、一般人の受忍限度を基準としてこれを判断すべきものである」と結論づけている。このように考えると、少数者の切り捨てにつながるのではないだろうか。この事件は、提訴から判決まで4年以上かかっている。裁判所は、和解を試みたのであろうか。かりに、和解を試みたけれども成立するに至らなかったとしたら、どこに原因があったのであろうか。

この水戸地裁の判決よりも前に提訴され、最高裁まで争われた事件がある。それは、昭和53年に提訴された大阪市営地下鉄商業宣伝放送差止等請求事件である[*24]。最高裁は、大阪高裁の確定した事実関係のもとにおいて地下鉄車内の商業宣伝放送は、違法ではないとした。大阪高裁は、「一般乗客に対しそれ程の嫌悪感を与えるものとは思われない」と認定している。

上記最高裁判決には、伊藤正己裁判官の補足意見が付されている。この補足意見は「とらわれの聞き手」(とらわれの聴衆)に言及していることで著名であるが、その前に、伊藤判事が騒音に関する法と現状について説示している。それは、以下のような判示である。

「わが国において、騒音規制法が制定されており、工場や建設工事による騒音や自動車騒音について規制がされ、さらに深夜の騒音や拡声器による放送に係る騒音について地方公共団体が必要な措置を講ずるものとされている。しかし、一般的には、音による日常生活への侵害に対して鋭敏な感覚が欠除しており、静穏な環境の重要性に関する認識が乏しいことを否定できず、この音の加害への無関心さが音響による高い程度の生活妨害を誘発するとともに、通常これらの妨害を安易に許容する状況を生み出している。街頭や多数の人の来集する場所において、常識を外れた音量で、しかも不要と思われる情報の流されることがいかに多いかは、常に経験するところである。上告人の主張は、通常人の許容する程度のものをあえて違法とするものであり、余りに静穏の利益に敏感にすぎるといわれるかもしれないが、わが国における音による生活環境の侵害の現状をみるとき意味のある問題を提起するものといわねばなるまい」

伊藤判事は、後段において、「通常人の許容する程度」という用語を用いてはいるが、前段においては、騒音に関する現状について鋭く批判をしており、一般に使われてる「通常人」とは異なるレベルの人を「通常人」として念頭においていると思われる。

伊藤判事が補足意見を書かれてから4半世紀を超えているにもかかわらず、状況はよくなるどころか、悪くなっているのではないだろうか。

この4半世紀のあいだに高齢化は急速に進んでいる。日本の社会は、高齢者の多くが認知症かその入り口にいるという状況にある。

つまり、「一般人の受忍限度」という場合の「一般人」には、当然、認知症の人も入らなければならない。同じように、「一般乗客」のなかには認知症の人が当然にいるのである。鉄道の駅が島式のホームであるとき、上りと下りの乗客が混在するから、電車が同時にホームにくることになった場合、2つの方向の乗客に対する放送の音量はただならぬものがあるときがある。それにもかかわらず、2つの放送の音が重なり合って両方ともほとんどききとれない。これを数10年繰り返している。これに加えて、ラッシュ時には、駅員がいて、自動の放送のほかに駅員独自でアナウンスをすることもあるのである[*25]。そのアナウンスが響くホームに認知症の人がいてもおかしくはない。そこにいる認知症の人の頭のなかが耐えられない状態になっていることを今日の鉄道事業の経営の任にあたる者が知らないということがあるだろうか。

3　認知症の人の環境権

特定の認知症の人についての環境権を考える必要があるだろう。環境権については、3つの側面、すなわち、防御権（自由権）としての環境権（環境防御権、環境自由権）、社会権としての環境権（環境社会権）、そして、参加権としての環境権（環境参加権）について論じられている*26。

ある特定の認知症の人にとってみるとどうなるであろうか。その認知症の人をとりかこんでいる音は耐えがたいものになっていないか（環境自由権の侵害の有無）。認知症の人たちの環境を破壊する行為を防止するための施策を求めることができるようになっているか（環境社会権の侵害の有無）。そして、認知症の人の環境に影響を与えることを決めるにあたり、認知症の人がその決定手続に参加することができるようになっているか（環境参加権の侵害の有無）。この3つを1つ1つ具体的な場面にあたって検証していくことが必要であろう。

新オレンジプランにおいては、認知症施策の企画・立案や評価への、認知症の人やその家族の参画をうたっていることは前記のとおりである。またここで1つ考えておきたい。ここでいう認知症の人というのは、カテゴライズされた「認知症の人一般」についていっているわけではないだろう。「ある特定の認知症の人」への対応それぞれのことをいっているのであろう。環境法・環境政策にあてはめれば、ある特定の認知症の人の環境参加権を認めようということである。

認知症の人は、音に対してかなり敏感である。音（騒音）についての一般の人の感覚を基準にしていては、認知症の人たちの受けている被害を防ぐことはできないだろう。とりわけ公共の場所におけるさまざまな放送などの音量や音の質について検証をすべきであるし、それに関して何かを決めようとするときは、必ず認知症の人に入ってもらうべきであろう。

ある特定の認知症の人がおかれている状況をもっと社会に明らかにする必要がある。そうすれば、認知症の人の行動とかかわりをもっているさまざまな人たちが、認知症の人たちの環境をもっと大切にするだろう。そして、ある特定の認知症の人のおかれている状況をできるだけ本人からききとり、その望むところを知り、それを少しでも実現しようとするのではないか。そのようになれば、1人1人特定の認知症の人は、自らがもっている豊かな人間性を回復することができるようになると思う。

*1　本書では、認知症の人といい、認知症の患者とはいわない。木之下徹医師は、「医療が変わる　私の懺悔録」クリスティーン・ブライデン／永田久美子監修・NPO法人認知症当事者の会『扉を開く人　クリスティーン・ブライデン　認知症の本人が語るということ』（クリエイツかもがわ、2012年）119頁において「ランセット・ニューロロジー」にのった論文を紹介し、「患者（patient）」という言葉には「不完全さや望ましくない差異」という意味合いがあるスティグマティックな用語であり、「人（person）」は、「包括的な人間性や平等な価値」をあらわすと指摘している。

*2　大塚直は、『環境法〔第3版〕』（有斐閣、2010年）中の「初版はしがき」のなかで、「環境法の背景には、環境政策がある。環境政策は『政策』ではあるが、正義性とともに効率性が要求される。そして、各環境分野について、どこまで環境を保護するのか、どのようにして保護するのか、それに要する費用は誰が負担するのか、環境法上の措置の執行はどのように行うのかなどの課題が山積しているのである。環境法はこのような環境政策をルール化したものである」と述べる。

*3　北村喜宣は、『環境法〔第3版〕』（弘文堂、2015年）5頁において「環境リスクの分析・評価とその管理は、現代環境法が取り組むべきもっとも重要な課題である」と述べる。

*4　HarperColins Publishers, 1998. 同書の邦訳は、クリスティーン・ボーデン／桧垣陽子訳『私は誰になっていくの？―アルツハイマー病者からみた世界』（クリエイツかもがわ、2003年）である。

*5　Jessica Kingsley Publishers, 2005. 邦訳は、前年に『私は私になっていく―認知症とダンスを』として先行して出版され、さらに2012年（平成24年）には、邦訳の改訂新版（クリスティーン・ブライデン／馬籠久美子・桧垣陽子訳『私は私になっていく―認知症とダンスを　改訂新版』（クリエイツかもがわ、2012年）が発行されている。以下の引用はこの改訂新版からのものである。

*6　クリスティーン・ブライデン・前掲注5　105頁。

*7　引用文中のADIは、国際アルツハイマー協会（Alzheimer's Disease International）のことである。クリスティーンは、2003年（平成15年）に認知症代表としてADIの理事に選出されていた。前掲注5　5頁。

*8　前掲注5　127頁。

*9　「『痴呆』に替わる用語に関する検討会報告書」（平成16年12月24日）（http://www.mhlw.go.jp/shingi/2004/12/s1224-17.html、2015年6月アクセス）。

*10　クリスティーン・ブライデン・前掲注1　123頁。

*11　クリスティーン・ブライデン・前掲注1　125頁、130頁。

*12　http://www.mhlw.go.jp/houdou/2009/03/h0319-2.html（2015年6月アクセス）。

*13　厚生労働省認知症施策検討プロジェクトチーム「今後の認知症施策の方向性について」（平成24年6月18日）（http://www.mhlw.go.jp/topics/kaigo/dementia/dl/houkousei-02.pdf、2015年6月アクセス）。

*14　「認知症施策推進5か年計画（オレンジプラン）」（2013年（平成25年）

度から2017年（平成29年）度までの計画）（http://www.mhlw.go.jp/stf/houdou/2r9852000002j8dh-att/2r9852000002j8ey.pdf、2015年6月アクセス）。

*15 「認知症施策推進総合戦略（新オレンジプラン）～認知症高齢者等にやさしい地域づくりに向けて～」（平成27年1月27日）（http://www.mhlw.go.jp/file/04-Houdouhappyou-12304500-Roukenkyoku- Ninchishougyakutaiboushitaisakusuishinshitsu/02_1.pdf、2015年6月アクセス）。

*16 政府広報オンライン「暮らしのお役立ち情報」の「もし、家族や自分が認知症になったら　知っておきたい認知症のキホン」（政府広報オンライン、2015年・平成27年2月23日更新。http://www.gov-online.go.jp/useful/article/201308/1.html、2016年12月アクセス）。

*17 佐藤雅彦『認知症になった私が伝えたいこと』（大月書店・2014年）21頁以下。

*18 同上174頁。

*19 同上176頁。

*20 同上178頁。

*21 クリスティーン・ボーデン・前掲注4　84頁。

*22 佐藤・前掲注17　75頁以下。

*23 判例タイムズ578号37頁。

*24 大阪地判昭和56年4月22日判例タイムズ441号127頁、大阪高判昭和58年5月31日判例タイムズ504号105頁、最判昭和63年12月20日判例タイムズ687号74頁。

*25 中島義道『騒音文化論―なぜ日本の街はこんなにうるさいのか』（講談社、2001年）には、日本における街頭などの騒音についての詳しい記述がある。

*26 大塚直「環境権(1)」法学教室293号（2005年）93頁。

第4章

ハンセン病と環境法

あなたは、心おだやかに、自分は、人間らしく生きているだろうか、と問うてみたことがあるだろうか。人間らしく生きるということはどういうことなのか、ということを思ったことがあるだろうか。そして、あなたが、親であるなら、人が人間らしく生きるということはどういうことなのか、ということを身をもって我が子に示しているであろうか。

親となることも許されなかったハンセン病であった人たちは、どのように生きてきたのか、ということについて、ほんの少しずつではあるが学んでいる。

病気の影響で視力を失い、手の指も点字を読める状況にはなく、舌やくちびるで読んでいる人たちがいる。この人たちが、これからの人生を、人間らしい環境のなかで生きていくことができるためには、私たちはどのようなことをしたらよいのか。そもそも、彼ら彼女らにとって、本当に人間らしい環境というものはどういうものなのか。彼ら彼女らは誇りをもって暮らしている。私たちはそのような環境というものを理解することができるのであろうか。

それは、私たちだけでできるはずがないとしかいいようがない。

国家や社会は、表現すべき言葉をはるかにこえた、断種、中絶強制、強制隔離という、人間の尊厳を踏みにじる、あまりにも非人間的な扱いを彼ら彼女らにしてきており、そのために、今もなお、国民の間の差別意識は消えない。そのようなことをした国家や社会を構成している私たちが、彼ら彼女らに対して何かをしてあげたらよい、などといえるものをもっているはずがない。もし、あなたが、私は国家や社会がそのようなことをしたことなど何も知らない、というのであるなら、これから私と同じように少しずつでも知ってほしい。

私たちがこれからできることは、ハンセン病であった人たちの声を聞きながら、その人たちとともに、1歩1歩、彼ら彼女らの1人1人の心の底から発してくる希望というものを、どのようにしたらかなえられるのか、ということを考え、実行していくことであろう。

しかし、私たちが構成する社会が、容易に変わるはずがない。

> 「ハンセン病をめぐる裁判で、国の隔離政策は断罪されました。このことをきっかけに社会の人びとは、ハンセン病に関心をもってさまざまな形で啓発を行ったり、療養所との交流をもちはじめました。しかし、積極的に社会へ顔を出すのは一部の人です。病気が治っている今も『いつも何かにおびえ、無意識のうちに隠す。社会に引け目があるんだなあ』とも言います。
>
> このような社会をつくったのは、私たちひとりひとりであり、引け目は、実は私たちの側にあることを認識すべきではないでしょうか。ハンセン病回復者に対する、依然として根強い偏見・差別をもつことに引け目を感じるようにならなければ、あたたかく迎え入れることはできません」

これは、2003年（平成15年）に『ハンセン病をどう教えるか』でされた指摘であるが、私は、今でも、ほとんどここに指摘されたとおりであると思う[*1*2]。

このような状態におかれているハンセン病であった人たち（この言葉自体、偏見と差別をなくすという観点から使ってよいのかどうか本当のところはわからない）が、よりよい環境のもとでこれから暮らしていくために、どのようなことを考えればよいのであろうか。

人間が人間らしく生きるということはどういうことなのか、ということをハンセン病であった彼ら彼女らに教わり、少しずつでも実際に行われたことを理解し、そこから、彼ら彼女らのかがやける将来にむけて、希望をもち、本当に明るい人生をおくることができる環境とはどういうものであるのかということを考える手がかりを探したい。

1 ハンセン病

らい予防法（1953年・昭和28年制定）により国立療養所に入所していた原告ら127名は、国に対し、第1に、厚生大臣がらい予防法のもとで策定・遂行したハンセン病患者への隔離政策が違法であること、第2に、国会議員がらい予防法を制定した立法行為または同法を1996年（平成8年）まで改廃しなかった立法不作為が違法であることを理由に、国家賠償法が施行された1947年（昭和22年）10月27日から、同法に基づき、らい予防法およびハンセン病政策によって療養所に隔離されたことによる損害、同法の存在およびハンセン病政策の遂行によって作出・助長された差別・偏見にさらされたことによる損害などの賠償を求めた。

熊本地方裁判所第3民事部（裁判長杉山正士、裁判官渡部市郎、裁判官伊藤正晴）は、2001年（平成13年）5月11日、ハンセン病訴訟（「らい予防法」違憲国家賠償請求事件）において、国家賠償請求を認容する判決を言い渡し、この判決は確定した。

問題とされたのは、厚生省の責任と国会の責任である。裁判所が認定した厚生省の責任は、1960年（昭和35年）以降、ハンセン病が隔離必要な疾患ではなく、らい予防法の隔離規定の違憲性は明白になっていたにもかかわらず、1996年（平成8年）の同法廃止まで隔離政策の抜本的な変換などを怠ったというものである。裁判所が認定した国会の責任は、遅くとも、1965年（昭和40年）以降、同法の隔離規定を改廃しなかったというものである。

1　ハンセン病とは何か

ハンセン病とはどのような病気なのか。ハンセン病は遺伝病ではない。今もなお、国民の間の差別意識は消えないと述べたが、ここでまずは「ハンセン病とは何か」を正確に知らなければならないだろう。

熊本地裁判決は、争いのない事実として、ハンセン病のことを記述しているので、以下に引用する*3。

⑴　ハンセン病の定義

ハンセン病は、抗酸菌の一種であるらい菌によって引き起こされる慢性の細菌感染症である［中略］。らい菌は、1873年（明治6年）ころにノルウェーのアルマウエル・ハンセンによって発見された細菌で、結核菌などと同じ抗酸菌に属するものである。ハンセン病は、主として末梢神経と皮膚が侵される疾患で、慢性に経過する。

⑵　ハンセン病の感染・発病

らい菌の毒力は極めて弱く、ほとんどの人に対して病原性をもたないため、人の体内にらい菌が侵入し感染しても、発病することは

極めてまれである。

(3) ハンセン病の治療

ハンセン病の本格的な薬物療法は、1943年（昭和18年）、アメリカでのプロミンの有効性についての報告にはじまり、日本でも、1947年（昭和22年）より、静脈注射によって投与するプロミンが一部の患者の注射に使用されはじめた。その後、プロミンの改良型で同じスルフォン剤の一種である経口薬ダプソン（DDS）が用いられるようになった。さらに、昭和40年代後半になり、リファンピシンがらい菌に対し、強い殺菌作用を有することが明らかになった。

1981年（昭和56年）には、WHO（世界保健機構）が、リファンピシン、DDSおよびクロファジミン（B663）による多剤併用療法を提唱した。この多剤併用療法は、その卓越した治療効果だけでなく、再発率の低さ、患者に多大な苦痛と後遺症をもたらす経過中の急性症状（らい反応）の少なさ、治療期間の短縮などの点で画期的な療法であり、わずか数日間の服薬で菌は感染力を喪失するとされている。

そのため、現在では、ハンセン病は、早期発見と早期治療により、障害を残すことなく、外来治療によって完治する病気であり、また、不幸にして発見が遅れ障害を残した場合でも、手術を含む現在のリハビリテーション医学の進歩により、その障害を最小限に食い止めることができるとされている。

2 熊本地裁判決が認定した被害

この熊本地裁判決は、「除斥期間（争点4）」の判断のなかで、ハンセン病の人の被害を次のように判示している[*4]。

「そこで、右除斥期間の起算点について検討するに、本件の違法行為は、厚生大臣が昭和35年以降平成8年の新法廃止まで隔離の必要性が失われたことに伴う隔離政策の抜本的な変換を怠ったこと及び国会議員が昭和40年以降平成8年の新法廃止まで新法の隔離規定を改廃しなかったことという継続的な不作為であり、違法行為が終了したのは平成8年の新法廃止時である上、これによる被害は、療養所への隔離や、新法及びこれに依拠する隔離政策により作出・助長・維持されたハンセン病に対する社会内の差別・偏見の存在によって、社会の中で平穏に生活する権利を侵害されたというものであり、新法廃止まで継続的・累積的に発生してきたものであって、違法行為終了時において、人生被害を全体として一体的に評価しなければ、損害額の適正な算定ができない」(傍点筆者)

この引用文中にある、「平成8年の新法廃止」にいう「新法」とは、「らい予防法」(1953年・昭和28年法律第214号)のことである*5。この引用文中の傍点部分の表現は重い。「人生被害を全体として一体的に評価」するといっていることの意味するところは、人生の全体が損害の対象になるということである。

3　熊本地裁判決とその後

熊本地方裁判所は2001年(平成13年)5月11日、ハンセン病に対する過去の国の違法な隔離政策について、行政と国会に全面的な責任があり、国に損害賠償義務があることを認める判決を下し、内閣総理大臣小泉純一郎は同月23日、原告らと面談してほどなくこの判決について控訴をしないことを決断し、内閣官房長官がそのことを公表した。控訴期限の同月25日には、「ハンセン病問題の早期かつ全面的解決に向けての内閣総理大臣談話」*6が出され、その後の政策の方針が決まった。

⑴ 補償金支給法・促進法の制定

判決宣告日の翌月である2001年（平成13年）6月22日、「ハンセン病療養所入所者等に対する補償金の支給等に関する法律」が公布・施行された。

2009年（平成21年）4月1日には、「ハンセン病問題の解決の促進に関する法律」（以下「促進法」ともいう）が施行された。

⑵ ハンセン病問題に関する検証会議の発足

ハンセン病問題に関する検証会議が発足し、第1回の会議は、2002年（平成14年）10月16日に開かれた。この会議の最終報告書は、2005年（平成17年）3月1日に提出された[*7]。

『ハンセン病に関する検証会議　最終報告書 上・下』（明石書店、2007年）。厚生労働省HPでもこの内容を読むことができる。

⑶ 再発防止検討会

ハンセン病問題に関する検証会議の上記提言に基づいて再発防止検討会が開かれ、2010年（平成22年）6月、「ハンセン病問題に関する検証会議の提言に基づく再発防止検討会報告書」（以下「再発防止検討会報告書」という）が公表された。

同報告書の結語の最後の部分（108頁）は、「これらの結論のもとに、本検討会は、国民のひろい理解を得て、医療の基本法の法制化がすすみ、疾病を理由とする差別・偏見の克服に向けたシステムがいち早く構築されることを会の総意として強く希求し、本報告書を提出するものである」となっている[*8]。

⑷ 「医療基本法」制定に向けた具体的提言

再発防止検討会を契機にして、医師と患者の信頼関係の修復という視点から、改めて医療基本法を議論する気運が芽生え、日本医師会医事法関係検討委員会は、2014年（平成26年）3月、「『医療基本法』制定に向けた具体的提言（最終報告）」を公表した*9。

⑸ 現在のハンセン病療養所入所者数

2013年（平成25年）度末現在のハンセン病療養所入所者数は、国立療養所が1,849名、公益法人立病院7名、合計1,856名である。5年前の2008年度（平成20年度）は、同じ順で2,575名、16名、2,591名であった*10。

4 ハンセン病問題の解決の促進に関する法律

国は、2001年（平成13年）6月22日に、「ハンセン病療養所入所者等に対する補償金の支給等に関する法律」を公布・施行したが、ハンセン病の患者であった者が地域社会から孤立しないで良好で平穏な生活をすることができるために欠かすことのできないものである人々の意識の改革などが進まなかった。そこで国は、新たに法律を制定して問題の解決を図ろうとした。

⑴ ハンセン病問題

2009年（平成21年）4月1日に施行された「ハンセン病問題の解決の促進に関する法律」は、1条において、この法律の題名にある「ハンセン病問題」を定義している。

その内容は、「国によるハンセン病患者に対する隔離政策に起因して生じた問題であって、ハンセン病の患者であった者等の福祉の増進、名誉の回復等に関し現在もなお存在するもの」というもので

ある。

⑵ 入所者

促進法２条３項は「この法律において『入所者』とは、らい予防法の廃止に関する法律（平成８年法律第28号。……）によりらい予防法（昭和28年法律第214号。以下「予防法」という。）が廃止されるまでの間に、ハンセン病を発病した後も相当期間日本国内に住所を有していた者であって、現に国立ハンセン病療養所等に入所しているものをいう」と規定する。

⑶ ハンセン病問題の解決の促進に関する基本理念

促進法１条、２条を踏まえ、同法３条は、ハンセン病問題の解決の促進に関する基本理念を次のように定める。この３条の基本理念には、それを形容する言葉はないが、１条によると、「ハンセン病問題の解決の促進に関する」（基本理念）という言葉で形容をした方がよいのではないかと思う。

「**1項**　ハンセン病問題に関する施策は、国によるハンセン病の患者に対する隔離政策によりハンセン病の患者であった者等が受けた身体及び財産に係る被害その他社会生活全般にわたる被害に照らし、その被害を可能な限り回復することを旨として行われなければならない。

2項　ハンセン病問題に関する施策を講ずるに当たっては、入所者が、現に居住する国立ハンセン病療養所等において、その生活環境が地域社会から孤立することなく、安心して豊かな生活を営むことができるように配慮されなければならない。

3項　何人も、ハンセン病の患者であった者等に対して、ハンセン病の患者であったこと又はハンセン病に罹患していることを理由として、差別することその他の権利利益を侵害する行為をしてはならない」

上記のとおり、入所者の生活環境について、同法3条2項は、安心して豊かな生活を営むことができる生活環境になるように配慮すべきであるとしている。

⑷ 良好な生活環境の確保のための措置など

さらに、同法12条は、「良好な生活環境の確保のための措置等」の見出しのもとで以下のように規定する。

「1項　国は、入所者の生活環境が地域社会から孤立することのないようにする等入所者の良好な生活環境の確保を図るため、国立ハンセン病療養所の土地、建物、設備等を地方公共団体又は地域住民等の利用に供する等必要な措置を講ずることができる。

2項　国は、前項の措置を講ずるに当たっては、入所者の意見を尊重しなければならない」

ここでは、入所者の立場を踏まえ、その良好な生活環境を確保すること、そのためには、地域社会からの孤立を避けること、そのようなことをするには、本人の意思を尊重すること、という基本的であるが重要なことを規定している。

⑸ 福利の増進

続いて同法13条は、「福利の増進」の見出しのもとに、次の規定をおく。

「国は、入所者の教養を高め、その福利を増進するよう努めるものとする」

環境の恵みを楽しむためには、さまざまな意味でゆとりが必要ではないか。そして、ゆとりをもつためには、教養を高めることは大事であろう。ここでも本人の意思の尊重は貫かれなければならない。同法13条には、本人の意思を尊重することを規定していないが、国が教養とは何かを決めて、それを入所者に押しつけるということはありうる。そういう意味で、13条にも、12条2項と同様の、入所者の意見尊重義務規定をおくべきであった。

II　ハンセン病であった人々をとりまくもの

熊本地裁は2001年（平成13年）にハンセン病患者であった者の救済をはかる歴史的な判決を下したが、患者であった者に対する福祉の増進、名誉の回復は進まなかった。そこで国は2009年（平成21年）、ハンセン病問題の解決の促進に関する法律を施行した。同法12条2項は、国が入所者の良好な生活環境の確保を図るために必要な措置をとるにあたっては、入所者の意見を尊重すべきことを明記している。入所者の意見や意思を尊重しない政策というものはあり得るはずがない。そのことを、このように法律の条文に明記しているということは何を意味しているのであろうか。

行政は、尊重すべきハンセン病入所者の意思を、無視するどころかその意思とは正反対の、そしてしばしば残虐な加害行為を極めて長期間繰り返し行ってきた。一方、国会はそのような行政の根拠となる法律について何らの対応をしないことにより重大な人権侵害を長期間にわたり行っていた。これらの事実を、3権の1つである司法権が明確に認定し、行政と国会がともに、ハンセン病患者であった1人1人に対してその責任を負わなければならないことを明らかにした。これは、個人をただ個人というだけで尊重すべきであるということを規定する日本国憲法13条の規定に行政権と立法権が明確に違反したという重大な憲法違反の行為について、ハンセン病患者であった1人1人の権利をその個人[*11]として擁護する役割をになう司法権が是正することを求めたということが大きいであろう。この促進法12条2項の規定はそのような経緯があることを明らかにしていると考えられるのである。

それでは、その意見や意思を尊重されるべき入所者は、どのような状況におかれ、どのような想いをもっているのであろうか。

『ハンセン病問題に関する最終報告書（下）』は、ハンセン病問題に関する検討会議の被害実態調査報告を収めているが、そのなかの人々の声を少し引用してみたいと思う。

1　物理的制限

外出に関する物理的制限についての記述がある。療養所に隔離されていた人々のおかれていた環境そのものである[*12]。

> 「ふる里から遠くはなれ、人里離れた『奇妙な国』（島比呂志）と表現されたように、国立ハンセン病療養所のほとんどは街から離れた、いわゆる『僻地』に設置された。最初に開設した長島愛生園（岡山県）も、当初候補地とされた西表島がマラリア等のために断念された後に、瀬戸内海に浮かぶ長島が選定されたのである。大島青松園、沖縄愛楽園も同じく島嶼に位置する。こうした地理的選定そのものが、それ自体隔離政策の象徴であるとともに、物理的に自由な外出を困難ないし不可能としていたといえる。
>
> 　療養所には門扉があり、多くの場合、外界と隔絶するための塀や垣根、鉄条網などがあった」

2　園内の趣味

国立療養所入所者を対象とした調査のなかに、「園内で培った趣味」という項目がある。そこには次のような聞き取りの内容が書かれている*13。

「・趣味の草花づくり。目は不自由だが花が咲くのはわかる。（1924年入所　女性）」

3「元患者」という差別

言葉を、不用意に使うことにより、人につらい思いをさせてしまうことがある。上記と同じ聞き取りに次のような内容がある*14。

「・障害を持った人でも、同じように生きている。障害を持つ人に、手をさしのべたり、支えられる社会であってほしい（障害を持つ人も社会の構成員である）。『痛み』をわかってくれる社会であってほしい。『元ハンセン病患者』と表現されるが、普通の病気では『元患者』などと表現はしていない。まず言葉で差別を受けている。障害を持った人でも（偏見の対象となる人であっても）、世の中では同じように生きている。それを支えられる社会であってほしい。『手をさしのべる』気持ちがうまれる社会であってほしい。『老い』も障害のひとつ。障害を持った人も社会の構成員である。『痛み』をわかってもらえる社会であってほしい。『障害者とは何？』『健常者とは何？』まず言葉で差別を受ける。『元ハンセン病患者』という表現もおかしい。『元かぜ患者というのか？』（1949年入所　男性）」

III　犠牲となった人たちと私たち

1　私たちの社会

隔離政策の犠牲になった人たちを私たちは、どのような心をもって、どのように受け止めればよいのであろうか。ハンセン病国賠西日本弁護団共同代表の弁護士八尋光秀は次のようにいう[*15]。

「かつて、ハンセン病療養所に強制収容された人びとは、政府のこれらの対応によって人間回復を得られたでしょうか。

ハンセン病療養所の中で、心に描いては果たされることのなかった『自由』は。そして『愛する人』は。青空のように晴ればれとした『生活』は。恋い焦がれてきた『町』は。『友人』は。手に入れることができたのでしょうか。

『らい予防法』が廃止され、裁判に勝ち、国が過ちを認めて謝罪しました。しかし、彼らには、帰る家も、戻る食卓も、話す友人も、愛する人も、安心して暮らせる社会もありません。数十年間心の中だけで憧れ続けたものは、もう社会のどこにもありません。

社会はときに彼らを憐れみ、ときに冷笑し、ときに攻撃し、何事もなかったかのように、無邪気に口をぬぐい、おおらかに水に流して、平然としているようにみえます。

かつて私たちの社会は、誤った法律と政策のもとで、人間を『らい患者』と呼んで排除し、隔離収容をみずからの手で押し進めてきました。あるときは受け持ちの教師として、また校長として、あるときは警察官として、また、保健係として、あるときは医師として、また看護婦として、あるときは鉄道やバスの運転手として、そしてあるときは弁護士や裁判官や検察官として。私たちの大切な仲間として守るべきだった人びとを、『らい患者』として、本来守るべき社会の専門家であり、『先生』と呼ばれた人たちが、善良なだけの普通の人びとをその手足とし、町から、家族から、愛する人から、友人から、血をしたたらせながら生身をもぎとるようにして隔離収容したその社会が、です。

私たちの社会は変わらなければなりません。

『らい患者』とされ、ハンセン病療養所に収容された人びとは私たちの大切な仲間であったし、今でもそうです。その人びとのための社会こそ、私たちのあるべき社会です。

かつて人間を『らい患者』として排除してきたこの社会は、これからの私たちの社会であってはなりません」

私たちの社会は、このような社会であった。それが、ハンセン病被害の現状の根本にある。

2 医学・医療界

最終報告書は、次のようにいう。日本の医学界・医療界の責任を端的に明らかにする言葉である[*16]。

> 「日本の医学・医療界が日本型絶対隔離政策の推進に加担したことは論を待たない」

3 マスコミと学会

最終報告書は、マスメディアに対して、「マスメディアに求めるべきこと」として5項目をあげている。その最後の項目は重要であるので以下に引用する[*17]。

> 「○マスメディアの伝える情報と学会専門誌の伝える情報との間の空白地域を埋めるための方策を講じること（感染症対策に関しては、専門家の間でも、ちょっと守備範囲を外れると、意外に海外情報に疎いのではないか。広く一般に伝えるべき情報と専門家が専門分野で入手している情報との間のいわば、隙間にある情報が伝わるような工夫がインターネットなどを使って可能なのではないか。このシステムが、情報の市場原理からするとうまく成立しないようであれば、公共財的な情報伝達回路をメディアが関与したNPOの活用のような形で考えることができるのではないか。たとえば、学会の権威者が隔離が必要だと強く主張すれば、変だなと思う人がいても、その専門分野では干されてしまうので逆らえない、といったことは、そうした学会共同体の外側に海外からの情報を供給する仕組みがあるだけで、結構、防げるのではないか）」

ここで指摘されているような広く一般に伝えるべき情報が専門家のところでとどまってしまい、一般に伝わっていかないという状況があることは、環境法においても留意すべきことである[18]。

4　司法

最終報告書のはじめには、以下の記述がある[19]。

「司法のあり方も問題といえる。後日、違憲・違法とされる『らい予防法』からも逸脱した、藤本事件に象徴的に見られるハンセン病患者への差別的な対応は、日本国憲法が司法に期待した役割とは正反対のものであった。司法もハンセン病患者・元患者のもとに立つことはなかった。『新法（らい予防法）の隔離規定は、少数者であるハンセン病患者の犠牲の下に、多数者である一般国民の利益を擁護しようとするものであり、その適否を多数決原理にゆだねることは、もともと少数者の人権保障を脅かしかねない危険性が内在されている……』（熊本地裁判決）といった発想は認められなかった。質の民主主義ではなく、量の民主主義が追求された。

国、社会によって人間が選別され、命が選別される。このような非人道的な行為が日本国憲法の下で違法とされるどころか、逆に優生保護法の制定により合法化されたことも衝撃的である。この合法化に伴い、『同意』が虚構され、いかに多くの生まれるべき命が闇から闇に葬られたか。胎児標本はそのおぞましき一端を垣間見せている。ホルマリン漬けされた胎児標本を眼の前にしたとき、体中の血が凍てつき、言葉を失った。今もその姿は脳裏から消えない。国の誤った強制隔離政策の何よりの、そして沈黙の証言者として。人間の選別、命の選別が人間の尊厳を冒涜する極限以外のものでないことは改めて詳述するまでもない。にもかかわらず、国の誤った強制隔離政策は療養所の医療従事者から良心を奪い、『悪魔的な精神』の下に追いやってしまった」

上記引用部分の最初のところにでてくる藤本事件に関しては、最終報告書に以下の記述がある[20]。

「藤本事件は、菊池恵楓園入所者藤本松夫氏が殺人未遂・火薬類取

締法違反事件につき熊本地裁の恵楓園出張裁判で1952年懲役10年の実刑判決を受け、福岡高裁で控訴棄却、菊池医療刑務支所で服役したが、同氏脱走中に発生した単純逃走・殺人事件について恵楓園出張裁判で1953年死刑判決を受けた事件（福岡高裁で控訴棄却）である。同氏は、逮捕直後の自白を除いて終始一貫犯行を否認して無罪を主張、最高裁まで争ったが上告棄却、再審請求中の1962年に死刑を執行された。

ハンセン病患者故に公正な裁判を受ける権利が保障されていなかったのではないかの問題がある」

この最終報告書には、「藤本事件の真相」として、詳細な記述と、2つの熊本地裁判決の犯罪事実等が資料として添付されている*21。

また、この記述にある熊本地裁の恵楓園出張裁判を含めた多くの裁判について、最高裁判所による調査が進行中である。

2014年（平成26年）11月7日に開かれた第187国会衆議院法務委員会会議録に記載されている横路孝弘委員の質問と中村愼最高裁判所長官代理者最高裁判所事務総局総務局長の答弁によると、次のようなことがあった。

すなわち、2013年（平成25年）11月6日、全国ハンセン病療養所入所者協議会など3団体から、最高裁判所に対し、「ハンセン病を理由にした特別法廷設置許可決定の正当性について、速やかに第三者機関を設置した上で検討し、その成果を公表すること」という内容の要望書が出された。これを受けて、最高裁判所は、同年5月19日に調査委員会を設置し、1948年（昭和23年）から1972年（昭和47年）までの間、ハンセン病患者を当事者などとする事件について、裁判所外の場所を開廷場所として指定した司法行政上の判断についての調査を始めた*22。

答弁のなかにある司法行政上の判断とは、最高裁判所の裁判所法69条2項に基づくものである。同条1項は、「法廷は、裁判所又は支部でこれを開く」同条2項は、「最高裁判所は、必要と認めるときは、前項の規定にかかわらず、他の場所で法廷を開き、又はその指定する他の場所で下級裁判所に法廷を開かせることができる」と規定する。裁判所法の上位の法である憲法37条1項は、「すべて刑事事件においては、被告人は、公平な裁判所の迅速な公開裁判を受ける権利を有する」と規定している。

藤本元死刑囚が残している手記には、次の記載があるという記述がある*[23]。

「裁判官たちはゴム手袋をはめて、三尺もあるような長いはしで（証拠物を）つまんで私に見せた」
「私が確かめるため近づくと、敬遠した」

最高裁判所は2015年（平成27年）7月2日、前記調査委員会に加え、有識者委員会を設置することを決めた、という報道がされた*[24]。

Ⅳ より根源的なこと

1 断種・堕胎の強制のため家族がいない

ハンセン病であった人の環境を考えるうえで最も根源的なことは何か。社会福祉法人ふれあい福祉協会のホームページの「ハンセン病を正しく理解するためのQ&A」の「なぜ社会復帰する人が少ないのですか？」に対する次のような答えのところに教えられた*[25]。

「高齢なうえ、ハンセン病による後遺症としての障害を持っていること、長年の入所により社会体験をほとんど有していないこと、一般社会にまだまだ根強い偏見が残っていることなどが、社会復帰で

きない主な理由です。また、社会での受け皿としての家族のないこと、子どもを産むことをハンセン病施策のなかで認めなかったことが社会復帰を進ませない大きな要因です。
『らい予防法』も廃止され、ハンセン病は『普通の感染症』なのですから、入所者が社会復帰することはとても重要です。しかし、前述のように、たくさんの問題があります」

家族との交流というささやかではあるが人の心の温かさを感じることができる環境のなかで生きるという、誰でも受けることが可能であるはずの恵みが、国家・社会による強制断種、強制堕胎をさせられたこと、まさに、そのことにより奪われていることを直視しなければならない。

2　知覚麻痺で失明することがある

国立ハンセン病資料館の2011年度春期企画展は、「かすかな光をもとめて――療養所の中の盲人たち」というものであった。このなかの記述や資料には、教わることが多かった。ハンセン病は知覚麻痺をともない、そして失明をすることがある。そのことがどういうことなのか、ということについては、ここにあるものを読み、みるまで理解できていなかった。そこには、次の記述がある*26。

「失明は、らいの宣告に打ちひしがれた人々をさらなる絶望に陥れた。知覚麻痺を抱え、手足の感覚に頼ることができないハンセン病患者にとって目は、日常生活を営む上で何より大切なものであった。
[中略]
行きつ戻りつ、少しずつその歩を進め、やがて自分で食べ、歩けた時、再び生きることに心の目を向けることができた。
それは暗闇に差し込むかすかな光であった」

企画展図録の「失明の恐怖と絶望」という項目には、12の短い文章が引用されているが、その12番目は次の文章である[*27]。

「風呂場で盲人が見えないのと、手に感じがないのとで、よくせっけんを落とし、つるつるとせっけんが逃げるのを口で追いかけてくわえているのを見て、とても悲惨で自分はめくらにだけはなるまいと思っていた。そうして自分がめくらになってみて、その辛さ惨さは想像以上であった」
『らい疾患看護の看護事例集 No.4〈視力低下の過程にある患者の自立への働きかけ〉』より

同じように、「生きるために」という項目には、8つの文章が引用されている。15番目の文章は以下の内容である[*28]。

「『Dさん何をするにも歯に手伝ってもらっているでしょう。随分、つらいでしょうね……』『良く聞いてくれたね、職員の人達は、みんなさけて聞かないんですよ。』
『初めは、とってもみじめで、つらかった。目の見える人の前ではいやよね、知っている人ならいいけど、知らない人なら患者同士でも、できないよ。でもね、ラジオやテープは、あんがい平気で人前でもするけど、今でも靴下など履く時は人の来ないような時を選んでするのよ。』」

『生活補導員のために（改訂版）』より

知覚麻痺があって光を失った人たちはどのように生きてきたのであろうか[*29]。

「盲人たちは、舌先や唇に残った感覚で点字を『読める』ことに気づいた。当初は『舌読』する自らの姿に抵抗感もあったが、『読める』という喜びから、いつのまにか点字本が血で赤く染まるまで『舌読』・『唇読』に没頭する者すら現れた。
再び獲得した文字が、盲人たちと社会とのつながりを復活させた。

新聞から情報を得、療養所の外に暮らす人との文通も行い、自分たちの主張を公にする機関誌の発行も実現した」

目の不自由な人の日々はどのようなものであるのか。このような生活をしている人の環境はどうあるべきなのであろうか。企画展図録にあるその1日をそのまま引用する[*30]。

センターに住むある盲人の一日
6:30 頃　介護員が様子を確認にくる。
7:00 頃　介護員からお茶が出される。
7:15-30 頃　介護員が朝食の配膳に来る。
8:00 頃　朝食の下膳。その際にその日に用事があるか介護員に聞かれる。用事があるときはお願いをする。介護員はこのときに洗濯機で洗濯物を回してくれる。
9:00 頃　介護員が掃除やベッドメイキングをしにくる。治療がある時は治療にいく。ない時はそのまま部屋の中にいて、介護員と会話をするか、廊下を歩く等している。
10:00 頃　介護員によってお茶が出される。
12:00 頃　介護員が昼食の配膳に来る。
14:00 頃　介護員によってお茶が出される。その際に洗濯物をたたむ等する。
16:30 頃　介護員が夕食の配膳に来る。
17:00 頃　夕食の下膳
20:30 頃　介護員が薬を出しに来る。
21:00 頃　消灯

企画展図録には、また、目の不自由な人の自室のカラー写真が半頁の大きさで掲載されている。その写真にそえられている文章には次のようなところがある[*31]。

「個室になっている不自由者棟の廊下は夏の昼下がりにも関わらず、

物音一つしなかった。桜井さんは一番奥にある自室までの廊下を歩きながら、『訪ねる人があまり来ない人もいるから、静かに歩いてね』と言った。……

年老いても、不自由であっても、少しでも生きる張り合いをもてるような心のふれあいが今、求められているのではないだろうか」

自室の主人公は、日ざしが差し込む窓際に腰をかけて外を見ている。そこには、狭い道を挟んで薄紅色と白いコスモスが咲いている。

3 人権の森

多磨全生園の入所者から、その森について話を聞いたことを書いた文章がある。2006年（平成18年）1月11日に、平沢保治さん（取材当時、全生園入所者自治会長）から取材をしたものである。その一部を引用する[*32]。

「おかげさまで、ハンセン病も、戦後の治療薬から改良に改良が重ねられて40年前から新発患者もいなくなって、この広い土地をどうしようかということになった。地域からは、タクシーに乗っても降ろされたり、お店も全生園はお断りという時代があった。でも、やはり木を愛し緑を愛する人が、恨みを恨みで返して良いのだろうか、地域の人たちに感謝のしるしとしてこの緑を残していこう、木を植えていこうということで、自主的に入所者がお金を出し合ったり、自治会や、あるいは亡くなった人の寄付とか、遺族の人がこれを使ってくださいということで、木を植えつづけてきたわけです。この林には鳥も来る、虫も生きている、カブトムシもクワガタも、いろいろな野鳥も飛んでくる、これはおたがいに生きているわけだ、人間だけではない。そういうことを考えたとき、ハンセン病の歴史を考えたとき、この緑はいのちの森である。いのちの森とは人権の森、人権とは、私たちだけ、われわれの権利がどうだとか生きられれば良いとかということではないのです。おたがいに、私にも人権がある、あなたにも人権がある、私の人権だけを主張する

ことであなたの人権が侵されたのでは本当の私の人権の確立はない、そういう考えに立ってこの運動を進めてきました」

入所者の方々がいかに自然を大切にしてきたか、入所者の方々にとって自然がいかに大切なものであるのか、ということを感じる言葉である。

V 環境法のあり方

ハンセン病であった人たちが私たちとともに人間らしい環境のなかで生きていくためには、医療、行政、立法、司法そして報道にかかわる人々が、なぜ、自分たちの先輩たちは、ハンセン病であった人たちの前で人間性を失ったのか、ということを明らかにすることが必要であろう。かつての大規模な国家的過ちが、なぜ、これらの分野にかかわる一人一人の人間の行為によって何らの疑いもなく行われたのか。そのようなことが行われた最も根本的で本質的なところを解明し、それをハンセン病であった人たちに話すことにより、生きる希望をより多く与えることができるのではないか。そのように考えるのは、彼ら彼女らが、自分たちが、なぜ、このような目にあわなければならなかったのか、という本当の理由が、明らかにされることにより、自分たちの過酷な日々が二度と起こらないということを確信し、心の平安を得ることができるのではないかと思うからである。

このように考えてくると、環境法学というもの、そして法学というものの根底には何があるのか、というところに行き着く。そこには、「正義」というものがあるといわれてきたが、ハンセン病であった人たちの上には「正義」の名のもとに、これ以上はないような「不正義」が降りかかったといえるのではないか。

医療、行政、立法、司法、さらには報道にかかわる人たちは、私たちの社会のなかで高い教育を受け、それにふさわしい地位にいる。そうした者の先輩たちの不正義が、今、断罪されている。

かつて裁判官であった自分も含め、正義の名のもとに不正義が行われることがあること、そのとき、人間性というものが失われていたであろう、ということにどのように向き合えばよいのだろうか。私は今、それを考える緒についたばかりである。それでも次のことはいえるのではないか。

これまで、正義というと、ともすれば、社会正義というように、大きな制度のなかのひずみのようなものが起きたときに社会全体のこととして意識することが多かったのではないか。しかし、そのような社会全体のひずみのもとをただしていけば、かならず、一人一人の個人に降りかかったおそろしく理不尽なことに行きあたる。ハンセン病の患者であった人たちは、まさにその典型であった。この一人一人に起きていることをまともに受け止めることをしないで、漫然とそれらをまとめて社会正義に反しているとか反していないなどといってしまうと、肝心の個人が置き去りにされてしまう。

ハンセン病の患者であった人たちにとって望ましい環境とは何か、ということを考えるときも、正義とは何かということを考えるときと同じことがいえるであろう。ハンセン病患者であった人たち全体にとってのよい環境というものは存在しない。一人一人のハンセン病患者であった人のこれまでたどってきた人生の違い、日々の生活をするうえでいろいろな工夫をしていかなければならないこと、その程度も違っていること、各人のもつ個性は異なる。ハンセン病の患者であった人たちの住まいから見える戸外のながめ、あるいはそこに届いてくるさまざまな音、散歩するときに見えてくるもの、あるいは聞こえてくる音というような、さまざまな環境の状態の受け止め方は個人ごとに異なる。それをよい景観とか、よい音の環境の一般的な基準をつくって対応しようとすると、どのハンセン病患者であった人にも対応しないものになりかねない。そうであるからこそ、私たちは、ある個人としてのハンセン病患者であった者にとって望ましい環境というものはどのようなものであるのか、すなわち、その本人が望ましいと考えている環境というものはどういうものなのか、ということを常に意識する必要があるだろう。

ハンセン病であった人たちがこれからの人生を豊かな環境のもとで生きていくことができるためにはどのようなことを考えればよいのか。それは、私たちがハンセン病であった人たちが受けた不正義というものを少しでも理解し、そのようなことができるだけ起こらないような社会を作ることを考えることであろう。例えば、幼い心をもっているときから、正義につながるものをもてるように、不正義、ここでいえば、いわれなき差別をする心というものをもたないようにするためには、大人がどのようなことを示していくべきであるか、ということを考えたい。

そうして、このような、確かな人間性のある人たちによる社会ができつつあることを知ったら、ハンセン病であった人たちの心は落ち着き、その生きている環境は穏やかなものとなり、より自然を楽しむ幸せを味わうことができるようになるのではないだろうか。環境法学そして法学は、そのようなところをめざし、これから何をすべきであるのかということを考えていくべきであろう。

ハンセン病とされて迫害を受けた人たちのことを自分は本当に知らなかったということがよくわかった。しかし本章を執筆するにあたって、そのなかで、人間の温かさというものもたくさん感じた。ハンセン病に関することがほんの少しもわかったとは思っていないが、いま考えていることを是非若い人に知ってほしいと考え、まずはここでまとめることにした。そして、次の著書にはとりわけ励まされた。ここにあげてひとまずのおわりとしたい。

権徹『てっちゃん――ハンセン病に感謝した詩人』(2013年・彩流社)。

*1 『ハンセン病をどう教えるか』編集委員会編『ハンセン病をどう教えるか』(解放出版社、2003年) i頁の「はじめに」から引用。ここには著者名が記されていない。この本は、ハンセン病について基本的なことを知る上でとても参考になる著書の1つである。

*2 ハンセン病をめぐる裁判とは、熊本地判平成13年5月11日判例時報1748号30頁のことである。

この訴訟については、ハンセン病違憲国賠訴訟弁護団『開かれた扉―ハンセン病裁判を闘った人たち』(講談社、2003年)があり、参考になった。熊本日日新聞社編『検証・ハンセン病史』(河出書房新社、2004年)も、この問題の全体を理解するのに役立つ。

*3 前掲注2 判例時報34頁。

この判決によると、ハンセン病は、古くから「業病」などとして、差別・偏見・迫害の対象とされてきた。患者のなかには、故郷を離れて浮浪徘徊する者が少なくなく、悲惨な状況であった。1907年(明治40年)には「癩予防ニ関スル件」(明治40年法律第11号)が制定され、一部の患者は収容された(今日ハンセン病と呼ばれている病気は、当時、癩(らい)病と呼ばれていた)。この「件」は、1931年(昭和6年)に全面改正されて「癩予防法」(昭和6年法律第58号)が制定され、隔離入所対象者が拡げられた。

厚生省は、1940年(昭和15年)には、都道府県に「……患者の収容の完全を期せんがためには、いわゆる無らい運動の徹底を必要なりと認む。……」という指示を出し、徹底的に患者の強制収容が行われた。収容実態の一例が明らかになっている。栗生楽泉園特別病室は、1939年(昭和14年)に設置された重監獄で、厳重な施錠がなされ、光も十分に差さず、冬期には気温がマイナス17度まで下がるという極めて過酷な環境であった。全国の療養所で不良患者とみなされた入室者の監禁施設である。特別病室に監禁された92人の監禁期間は平均約40日で、施行規則で定められた2か月の期間（「癩豫防ニ関スル件」の施行規則5条ノ2）を超えて監禁されていた者も多く、監禁期間は最長1年半にも及んでいた。被監禁者は、右の厳寒の環境において、十分な寝具や食料も与えられず、92人のうち、14人が監禁中又は出室当日に死亡しており、監禁と死亡との間に密接な関係があると厚生省が認めた者は計16人に及んでいる。厚生省がハンセン病患者を監禁したこととその患者が死亡したこととの間の因果関係を認めているということは、栗生楽泉園特別病室において、14人のハンセン病患者に対して、監禁致死罪あるいは、場合によっては殺人罪という犯罪が実行されたことを国自身が認めているということである。これはハンセン病患者に対する国が犯した残虐行為のほんの1つにすぎない。

この事件は、1947年（昭和22年）になって国会で大きくとりあげられた。このときの医務局長の答弁から、すでに、特効薬プロミンの効果を認識していたことがうかがわれれる、と判決は認定している。しかし、国は、1953年（昭和28年）になっても、新たに「らい予防法」（昭和28年法律第214号）を制定して、ハンセン病患者に対する隔離政策を継続し、1996年（平成8年）4月1日に至るまで、この政策を廃止しなかったのである。

＊4 前掲注2 判例時報108頁。

＊5 同上34頁。

＊6 http://www.mhlw.go.jp/topics/bukyoku/kenkou/hansen/hourei/4.html、2016年12月アクセス。

＊7 財団法人日弁連法務研究財団編『ハンセン病問題に関する検証会議 最終報告書（上）』、『同（下）―被害実態調査報告』（明石書店、2007年）（以下『最終報告書（上）』等という）。また同書の内容は、厚生労働省ホームページ『ハンセン病問題に関する検証会議 最終報告書』『（別冊）ハンセン病問題に関する被害実態調査報告』（http://www.mhlw.go.jp/topics/bukyoku/kenkou/hansen/kanren/4a.html、2016年12月アクセス）でも読むことが可能である。

＊8 ハンセン病問題に関する検証会議の提言に基づく再発防止検討会事務局事業ホームページ（http://www.mri.co.jp/project_related/hansen/、2016年12月アクセス）。

＊9 日本医師会医事法関係検討委員会「『医療基本法』制定に向けた具体的提言（最終報告）」（http://dl.med.or.jp/dl-med/teireikaiken/20140409_5.pdf、2016年12月アクセス）。

＊10 社会保障統計年報データベース 国立社会保障・人口問題研究所第216表（http://www.ipss.go.jp/ssj-db/ssj-db-top.asp、2015年8月アクセス）。

＊11 ここで「その個人」というときの個人とは、国家や社会、また、ある集団に対して、それを構成する個々の人を指す。私は、「環境とは何か」「法とは何か」ということを探求しようとするときは、漠然とした一般の「人」では

なく、自分と同じ1人1人の人間というものを頭におくことにより、具体的な場面で享受されるべき環境の恵みを害されている「個々の人」、また紛争当事者となって現れてくる「個々の人」をできるだけあるがままの姿として受け止めることが大切であると考えている。そのような気持ちをこめて個人という用語を用いている。

＊12 『最終報告書（下）』一の7の7–1（131頁）。

＊13 『最終報告書（下）』一の12の12–2（204頁）。

＊14 『最終報告書（下）』一の12の12–3（212頁）。

＊15 前掲注1『ハンセン病をどう教えるか』vii頁。

＊16 『最終報告書（上）』第一一の第1（381頁）。

＊17 『最終報告書（上）』第一四の第9（808頁）。

＊18 例えば、今日の環境法の重要な課題である地球温暖化対策のために、石炭などの化石燃料を使用する発電による二酸化炭素の排出を減らすことについていえるであろう。すでに導入している電力の固定買取価格制度（法律上の根拠は、電気事業者による再生可能エネルギー電気の調達に関する特別措置法である）は、私たち1人1人の金銭的な負担を基礎において太陽光発電や風力発電などの導入をすすめている。しかし、その制度のしくみを理解し、そのような負担をすることが妥当であるといえるかどうかを判断することのできる資料について、私たちは十分に与えられているとはいえないのではないか、ということなどに注意を向けたい。

＊19 『最終報告書（上）』はじめに9頁（その筆者は、「財団法人日弁連法務研究財団　ハンセン病問題に関する検証会議一同」とある）。

＊20 『最終報告書（上）』第一二の第3（407頁）。

＊21 『最終報告書（上）』第四の第3（185-201頁）。

＊22 衆議院第187回国会法務委員会第9号（平成26年11月7日（金曜日））会議録（http://www.shugiin.go.jp/internet/itdb_kaigiroku.nsf/html/kaigiroku/000418720141107009.htm、2016年12月アクセス）。

＊23 前掲注2『検証・ハンセン病史』129頁。

＊24 日本経済新聞電子版（共同）（2015年（平成27年）7月2日）（http://www.nikkei.com/article/DGXLASDG02HCL_S5A700C1000000/、2016年12月アクセス）。そして、現在、最高裁判所事務総局は、総務局内に「ハンセン病を理由とする開廷場所指定に関する調査委員会」（以下「調査会」という）を設置し、調査の参考にするため、「ハンセン病を理由とする開廷場所指定の調査に関する有識者委員会」（以下「有識者委員会」という）が開催されることになった。第1回の有識者委員会は2015年（平成27年）9月8日最高裁判所において開催され、席上調査委員会委員長からこれまでの調査概要の説明があった。それによると、ハンセン病を理由とする開廷場所の指定を求める下級裁判所からの上申は、1948年（昭和23年）1月30日から1990年（平成2年）12月13日までの間に96件あり、そのうち95件が認可された（認可率は実に99%である）。この間に右の上申は全部で180件あり、そのうち113件が認可され

ていた（認可率63％）。ハンセン病以外の病気及び老衰を理由とする上申は61件あり、認可されたのは9件で、認可率は15％である。この数字は、最高裁判所がこれから行う調査にあたる際の最も基本となるデータの1つとなるであろう（http://www.courts.go.jp/saikosai/iinkai/hansenbyo_yusikisyaiinkai/index.html、2016年12月アクセス）。

＊25　社会福祉法人ふれあい福祉協会のホームページ「ハンセン病を正しく理解するためのQ & A」（http://www.fureai-fukushi.jp/q_and_a/、2016年12月アクセス）。

＊26　国立ハンセン病資料館編集『かすかな光をもとめて一療養所の中の盲人たち』（国立ハンセン病資料館、2011年）（以下「企画展図録」と引用する。凡例に「図録」とあるが、48頁の貴重な資料である）7頁。

＊27　同上10頁。

＊28　同上11頁。

＊29　同上14頁。

＊30　同上37頁。

＊31　同上42頁。

＊32　柴田隆行『多磨全生園・〈ふるさと〉の森　ハンセン病療養所に生きる』（社会評論社、2008年）110頁。多磨全生園の森の四季折々のすがたなどは、著者の下記ホームページにおいて紹介されている（http://www11.plala.or.jp/tamast/zens.html、2016年12月アクセス）。

第5章

基本法を創るもの 基本法が創るもの

日本は1967年（昭和42年）、公害対策基本法を制定した。同法は、環境保全に関する政策の分野におけるわが国ではじめての基本法である。第2次大戦の戦禍により国の主要地域が廃墟と化してから20年あまりが過ぎたあとである。この法律の制定当時の1条は次のとおりである。

「1項　この法律は、事業者、国及び地方公共団体の公害の防止に関する責務を明らかにし、並びに公害の防止に関する施策の基本となる事項を定めることにより、公害対策の総合的推進を図り、もって国民の健康を保護するとともに、生活環境を保全することを目的とする。

2項　前項に規定する生活環境の保全については、経済の健全な発展との調和が図られるようにするものとする」

1項の「もって」以下は、同法の最終的な目的を規定している。そこには2つの目的が掲げられている。1つは「国民の健康を保護する」ことであり、もう1つは「生活環境を保全すること」である。1項をみるかぎり、この2つの目的を達成することに制約はない。次に2項に目を移すと、2つの目的のうち、「生活環境を保全すること」については、「経済の健全な発展との調和が図られるようにするものとする」という制約がある。この文言を一般に「経済調和条項」、あるいは「調和条項」といっている。また、公害対策基本法の実施法は、産業の健全な発展との調和という文言を使うので、その場合は「産業調和条項」ともいう。調和条項については、調和という語が用いられているものの、経済の健全な発展を優先させ、生活環境の保全を劣後させるものであるとして厳しい批判を受けている。

ところが、法制定からわずか3年後の1970年(昭和45年)、わが国は、公害対策基本法の調和条項を削除するなどの改正を行う。天秤は、大きく生活環境の保全の方に傾く。

そして1993年(平成5年)、環境基本法が制定され、公害対策基本法は廃止される。公害対策基本法の改正からさらに20年あまりを経ていた。環境基本法は、公害対策基本法がほとんどふれていなかった自然環境の保護のほかに地球環境の保全という分野を取り込む。公害対策の分野は、おおむね公害対策基本法を引き継いだものである。

第2次大戦後の日本における環境に関する基本法制は、60年あまりの間に、公害対策基本法の制定、調和条項の削除、そして環境基本法の制定と大きく変動している。

本章では、このような基本法を創っているものは何か、そして、これらの基本法が創りだしているものは何か、という問いに対する答えを探りたい。

I 公害対策基本法

1　公害対策基本法制定に至る経緯

(1)　第2次大戦終結から独立まで

①　復興期の公害と自治体の対応

日本は、第2次大戦後不況に苦しんでいたが、1950年（昭和25年）6月25日に朝鮮戦争が始まると、アメリカ軍から繊維と金属を中心とした大量の物資の調達を受け、その支払いをドルで受け取る「特需」と呼ばれる膨大な特殊需要が発生し、立ち直っていく。

戦後の復興期に大都市にある工場が再建されていくと、大気汚染、水質汚濁、騒音および地下水のくみあげによる地盤沈下などが発生し、周辺住民に被害を与える。これに対して、都府県は条例を制定して被害の防止に乗りだした。東京都は1949年（昭和24年）、工場公害防止条例を制定し、翌1950年（昭和25年）には大阪府が事業場公害防止条例、さらに1951年（昭和26年）に神奈川県が事業場公害防止条例を制定する。

しかし、東京都の条例は、排出基準制度がなく、監督官庁の行政体制も未整備であり、実効性に問題があった。また神奈川県の条例の目的規定には「産業の発展と住民の福祉との調和を図ることを目的とする」との文言があり、わが国の法律、条例のなかで、神奈川県のこの条例が「調和条項」のはじめての例であろう*1。

②　国土総合開発法の制定

朝鮮戦争勃発の直前の1950年（昭和25年）5月26日、日本は、国土総合開発法を制定した。同法の1条は、「この法律は、国土の自然的条件を考慮して、経済、社会、文化等に関する施策の総合的見地から、国土を総合的に利用し、開発し、及び保全し、並びに産業立地の適正化を図り、あわせて社会福祉の向上に資することを目的とする」と規定する。

そして、2条は、国土総合開発計画とは、国または地方公共団体の施策の総合的かつ基本的な計画であり、関係する事項は、①土地、水その他の天然資源の利用、②水害、風害その他の災害の防除、③都市および農村の規模および配置の調整、④産業の適正な立地、⑤電力、運輸、通信その他の重要な公共的施設の規模および配置ならびに文化、厚生および観光に関する資源の保護、施設の規模および配置であると定める（1項）。

国土総合開発法は、地方における大規模な工業基地の建設など戦後日本の開発行政の指針である全国総合開発計画（全総、1962年（昭和37年）10月閣議決定）の根拠であった（同法2条2項）。

⑵『昭和31年度版経済白書』

1952年（昭和27年）4月28日、サンフランシスコ平和条約が発効し、日本は独立を回復する。朝鮮戦争の休戦協定が結ばれるのは、翌1953年（昭和28年）7月のことである。

わが国は1955年（昭和30年）から高度経済成長期に入った。この成長期は長く、1973年（昭和48年）10月の第1次石油ショックまで続く。この期間の早い時期に、日本の経済を考えるうえで重要な2つの文書が作成される。

1つは、1956年（昭和31年）7月17日に発表された経済企画庁編著の『年次経済報告（経済白書）昭和31年度版』である。ここにある記述は、わが国が、経済成長期のはじまる時期における日本経済の状況をどのようにみていたのかということを理解するために参考となる。

もう1つは、1960年（昭和35年）12月27日に閣議決定された「国民所得倍増計画」である。これは、高度成長中の日本経済の状況と政府の対応を理解するのに参考となる。こちらについては後にふれる。

第1の『昭和31年度版経済白書』は、発刊の前年である1955年(昭和30年)の日本経済を分析し、その特色を次のように記述している[*2]。

「昭和30年度が戦後経済最良の年といわれるのは、つぎに示すような三つの理想的発展があったからにほかならない。その第一は、国際収支の大巾改善である。30年度の国際収支は535百万ドルの黒字を示し、この間の特需収入は570百万ドルであったから、ほぼ特需分だけが黒字に転化したことになる。[中略]明るい面の第二は、インフレなき経済の拡大である。[中略]理想的発展の第三は、経済正常化の進展である。……日本経済の宿痾のごとくみなされていたオーバー・ローンは著しい改善を遂げ、金利は短期資金についても長期資金についてもかなりのスピードで低下した」

この白書は、「もはや『戦後』ではない」というフレーズを用いていることで有名である。このフレーズを、第1次大戦後の復興期の状況を明らかにする文脈のなかで次のように用いている[*3]。

「戦後日本経済の回復の速さには誠に万人の意表外にでるものがあった。それは日本国民の勤勉な努力によって培われ、世界情勢の好都合な発展によって育くまれた。

しかし敗戦によって落ち込んだ谷が深かったという事実そのものが、その谷からはい上がるスピードを速からしめたという事情も忘れることはできない。経済の浮揚力には事欠かなかった。経済政策としては、ただ浮き揚る過程で国際収支の悪化やインフレの壁に突き当るのを避けることに努めれば良かった。消費者は常にもっと多く物を買おうと心掛け、企業者は常にもっと多く投資しようと待ち構えていた。いまや経済の回復による浮揚力はほぼ使い尽くされた。なるほど、貧乏な日本のこと故、世界の他の国々にくらべれば、消費や投資の潜在需要はまだ高いかもしれないが、戦後の一時期にくらべれば、その欲望の熾烈さは明かに減少した。もはや『戦後』ではない。われわれはいまや異なった事態に当面しようとしている。回復を通じての成長は終った。今後の成長は近代化によって支えられる。そして近代化の進歩も速やかにしてかつ安定的な経済の成長によって初めて可能となるのである。
新しきものの摂取は常に抵抗を伴う。経済社会の遅れた部面は、一時的には近代化によってかえってその矛盾が激成されるごとくに感ずるかもしれない。
しかし、長期的には中小企業、労働、農業などの各部面が抱く諸矛盾は経済の発展によってのみ吸収される。近代化が国民経済の進むべき唯一の方法とするならば、その遂行に伴う負担は国民相互にその力に応じて分け合わねばならない」

「もはや『戦後』ではない」というフレーズの意味は、これからの経済成長は、敗戦からの回復を通じての成長ではなく、近代化により支えられ、近代化は、速やかで安定的な経済の成長により可能となるということである。近代化による諸矛盾は経済の発展によってのみ吸収されるとも述べている。経済成長と経済発展に関するわが国の決意を感じる。

⑶ 原子力基本法制定の影響

日本の電力会社として初めて開設された原発 美浜原発の遠景

わが国は、1955年(昭和30年)、原子力基本法を制定する。公害対策基本法の制定前に原子力基本法を制定するということは、わが国の環境政策に大きな影響をもたらしている。

すなわち、公害対策基本法8条は、原子力基本法と公害対策基本法の関係について、「放射性物質による大気の汚染、水質の汚濁及び土壌の汚染の防止のための措置については、原子力基本法（昭和30年法律第186号）その他の関係法律で定めるところによる」と規定し、環境基本法旧13条はこれをそのまま引き継いだからである。

公害対策基本法と環境基本法のもとに、原子力発電所などから排出した放射性物質による大気の汚染、水質汚濁、土壌汚染防止のための措置を定める実施法をつくって規制をすることはできない。立法担当者は、原子力基本法が公害対策基本法の成立に先立ってこの時期に制定されたことが、今日の原子力基本法と環境基本法のそれぞれの担当分野の振りわけをしたことになると説明している*4。

(4) 1950年代後半の公害対策立法――地盤沈下と水質汚濁

① 地盤沈下対策

1956年（昭和31年）6月11日、工業用水法が公布・施行された。この法律は、地盤沈下対策を含んでいる。戦後の経済復興により水の需要が増加するとともに、くみあげる技術が進歩したため地盤の沈下が起こり、井戸から工業用に地下水をくみあげることを規制する必要が生じたのである。地盤沈下は、後に制定される公害対策基本法の公害の定義のなかに含まれることになる。

同法2条1項の規定する公害の定義に含まれる公害を「典型公害」ということがあるが、その意味では、工業用水法は、典型公害に対する初めての規制立法である。公害対策基本法を制定した当初の典型公害は、大気汚染、水質汚濁、騒音、振動、地盤沈下、悪臭の6公害である。これに1970年（昭和45年）の改正により土壌汚染が加わる。環境基本法はこの公害の定義を引き継いでいる（2条3項）。

工業用水法の制定時の1条は、「この法律は、特定の地域について、工業用水の合理的な供給を確保するとともに、地下水の水源の保全を図り、もってその地域における工業の健全な発達に寄与し、あわせて地盤の沈下の防止に資することを目的とする」と規定する。

その後、1962年（昭和37年）には、同条の「もって」以下を「もってその地域における工業の健全な発達と地盤の沈下の防止に資することを目的とする」と改める。この法律は、1条において「その地域における工業の健全な発達」を規定し、「工業」という具体的な産業をあげていること、公共の福祉や公衆衛生についてふれていないことが特徴である。

地盤沈下の関係では、工業用水法制定からやや遅れ、1962年（昭和37年）5月1日、建築物用地下水の採取の規制に関する法律が公布され、同年8月31日から施行された。その1条は、「この法律は、特定の地域内において建築物用地下水の採取について地盤の沈下の防止のために必要な規制を行なうことにより、国民の生命及び財産の保護を図り、もって公共の福祉に寄与することを目的とする」と規定する。ここでは、産業調和条項のような文言は存在せず、公共の福祉に寄与することを目的とする、としているところが特徴である。

② 水質汚濁対策

東京都江戸川区の本州製紙（現王子製紙）江戸川工場の廃液は、1958年（昭和33年）4月から江戸川・東京湾を汚染し、千葉県浦安の漁民たちの漁場に被害を与えていた。漁民たちは、同年6月10日同工場に赴き乱入したが、その際に警官隊と衝突し、漁民、警官など多数が負傷する。この事件を浦安事件などと呼ぶ。

わが国は、この事件を契機に、水質汚濁に関する公害規制法として、「公共用水域の水質の保全に関する法律（水質保全法）」と、「工場排水等の規制に関する法律（工場排水規制法）」を制定、同年12月

25日公布し、1959年（昭和34年）3月1日から施行する。この2つの法律のことを一般に「水質2法」と呼んでいる[*5]。水質保全法の1条は、次のとおりである。

「この法律は、公共用水域の水質の保全を図り、あわせて水質の汚濁に関する紛争の解決に資するため、これに必要な基本的事項を定め、もって産業の相互協和と公衆衛生の向上に寄与することを目的とする」

また、工場排水規制法の1条は、次のとおりである。

「この法律は、製造業等における事業活動に伴って発生する汚水等の処理を適切にすることにより、公共用水域の水質の保全を図ることを目的とする」

水質保全法がいうところの協和をしなければならない産業としては、浦安事件の経緯からみて、漁業・水産業と製紙業、広くいえば、第1次産業と第2次産業を念頭においているのであろう。

水質保全法5条は、法律の実効性にかかわる重要な制度として指定水域の指定と指定水域の水質基準を定める制度を採用する。すなわち同条1項は、「経済企画庁長官は、公共用水域のうち、当該水域の水質の汚濁が原因となって関係産業に相当の損害が生じ、若しくは公衆衛生上看過し難い影響が生じているもの又はそれらのおそれのあるものを、水域を限って、指定水域として指定する」と規定し、2項は、「経済企画庁長官は、指定水域を指定するときは、当該指定水域にかかる水質基準を定めなければならない」と規定する。5条1項の事態になっていると経済企画庁長官が認めず、水域の指定をしなければ、水質2法は機能しない。江戸川を指定水域に指定するのは1962年（昭和37年）、水俣湾を指定水域に指定するのは1969年（昭和44年）になってからである。

水俣病関西訴訟上告審判決*6は、昭和35年1月以降、国がチッソに対し水質2法に基づく規制権限を行使しなかったことは著しく合理性を欠き、国家賠償法1条1項の適用上違法というべきであると判示している。

(5) 国民所得倍増計画と全国総合開発計画

① 国民所得倍増計画

1960年（昭和35年）12月27日、内閣は、国民所得倍増計画、いわゆる所得倍増計画（以下「計画」ともいう）を閣議決定する。これは、経済審議会が同年11月1日にした内閣総理大臣に対する答申を踏まえたものであり、高度経済成長の真っ只なかにある日本は、経済・産業の面でさらに新しい段階を迎えることになった。

計画は、10年間で実質GNPを2倍（年成長率7.2%）にして国民生活水準の向上と完全雇用を図ろうとするものであるが、実際には目標より早い1967年度（昭和42年度）に倍増が達成される*7。

この計画の閣議決定においては、とくに、別紙「国民所得倍増計画の構想」によるものとするとされている。この別紙のなかの(1)は、「計画の目的」と題して次のように記述している*8。

> 「国民所得倍増計画は、速やかに国民総生産を倍増して、雇用の増大による完全雇用の達成をはかり、国民の生活水準を大幅に引き上げることを目的とするものでなければならない。この場合とくに農業と非農業間、大企業と中小企業間、地域相互間ならびに所得階層間に存在する生活上および所得上の格差の是正につとめ、もって国民経済と国民生活の均衡ある発展を期さなければならない」

計画は、農業と非農業間をはじめとする生活上と所得上のさまざまな格差の是正にも留意しているが、この計画全体のなかの中心的部分は工業である。次のような記載がある[*9]。

「これからの工業部門の生産と発展の方向は、戦後これまで進められてきた重化学工業を中心とした産業構造の再編成をさらに進めるとともに産業の健全な発展による規模の拡大と生産の多様化を推進することである。
　その場合、世界市場に適合した輸出構造の確立を指向する高度加工産業に重点をおき、機械工業と化学工業を基軸として展開されなければならない」

ここでは、「産業の健全な発展」という文言を、「規模の拡大と生産の多様化の推進」に結びつく重要な文脈において使っている。

計画は、林業に関する記述の末尾で、「また一方森林については国土保全、自然美の維持等社会的効果の側面を考慮する必要がある」と指摘しており[*10]、森林・林業基本法２条の森林の有する多面的機能の一面にふれている（166頁で後述する）。

また、漁業については、「他産業の発展にともなって発生する埋立、水質汚濁などによる漁場荒廃に対しては、漁業計画と合理的な調整を図り、また漁業経営の合理化に十分適応できるように、漁業制度等の再検討を行なう必要がある」との指摘がある[*11]。

計画は、産業の発展にともなって発生する公害の予防や自然環境を破壊から守ることについても次のようにふれている[*12]。

「騒音、臭気、建物の密集高層化にともなう見おろし、しゃへい等の弊害をはじめ、産業の発展にともなう大気の汚染、水質の汚濁、地盤沈下などの各種の公害は、今後ますます増大してくると予想される。これらに対する防除策として、法的な規制が実施されるべきことはいうまでもないが、より根本的には、工業用水道の拡充、廃水処理施設、下水道、堤防等の公害防止のための諸施設の整備、用途地域制の励行、工場配置の適正化などの措置を促進することが必要であり、同時に公衆道徳とくに企業道徳の向上がのぞまれる」

さらに、国民所得倍増計画のもととなる経済審議会の答申には、各種小委員会の報告が付されており、経済企画庁編の国民所得倍増計画の付録として公表されている。また、政府公共政策部門のなかの住宅生活環境小委員会報告のなかには「(5)公害の防除」として、公害対策の基本的方向、水質汚濁対策、大気汚染、地盤沈下、市街地建築の密集に伴う弊害について記述しているが、そのなかの公害対策の基本的方向についてふれた部分は以下のとおりである*13。

「公害のうち、今後とくに問題となるのは、公共水の水質汚濁、大気汚染、地盤沈下等であると考えられるが、これらはすべて大なり小なり鉱工業の生産活動に起因している。

国民が、快適な生活環境の中で、肉体的にも精神的にも健全な生活を営んでゆくために、これら公害が防除されねばならぬことはいうまでもないが、より現実的に考えても、生活環境の悪化は労働力の再生産を阻害することがある。

このような見地から、特に第二次産業の飛躍的成長を期待しなければならない倍増計画においては、公害を防除して、健全な生活環境を維持するための努力が充分につくされねばならない。

公害の防除は、その種類により個別に措置さるべきであるが、一般的対策としては、次の事項が考えられる。

イ　公害一般を防除するための基本法を定め、また、法の効果的運用を図るための機関を設ける。

ロ　都市において、用途地域制の改善と励行を行い、上下水道を完備する等、都市施設を整備し、また、都市の配置を適正化する。

ハ　国民の公衆道徳、とくに企業道徳が確立され、国民一般及び企業が、相互に権利を尊重し、自己を含めた社会集団の環境を清浄に維持しようとする意識を浸透させる。

以上のような措置のほか、公害が現実に生じた場合に、従来しばしば見られたように、問題が当事者の力関係によって解決され、弱者が不当な侵害に甘んずることが起こらぬよう、十分な配慮を払わなければならない」

この住宅生活環境小委員会の報告は、今後とくに問題となる公害は鉱工業の生産活動に起因していること、所得倍増計画は第 2 次産業の飛躍的成長を期待しなければならないこと、したがって、公害を防除し、健全な生活環境を維持するために努力をすることの必要性を説いている。

国民所得倍増計画を閣議決定した翌年の 1961 年（昭和 36 年）、農業基本法が制定された。計画も農業にふれているが、池田勇人内閣は農業について強い関心をもっている。農業基本法は、生産性の向上を強調している。農業は環境に強い影響を与え、また環境から影響を受ける。

同年、農業近代化資金助成法が制定され、融資政策、工業化政策により、農業は、機械化、農薬・化学肥料・除草剤の使用、大規模な酪農、果樹・野菜の専業化がすすみ、農業従事者を減らすことになる。農薬も 1955 年（昭和 30 年）あたりから、有機水銀、有機リン剤などの使用が始まる*14。農業基本法は 1999 年（平成 11 年）廃止され、これと同時に食料・農業・農村基本法が制定される（165 頁で後述する）。

② 全国総合開発計画の策定

わが国は、1962 年（昭和 37 年）5 月 10 日、新産業都市建設促進法を公布・施行した。全国総合開発計画の閣議決定よりも半年ばかり早いが、同計画を踏まえた法律となっている*15。

この法律の 1 条は、「この法律は、大都市における人口及び産業の過度の集中を防止し、並びに地域格差の是正を図るとともに、雇用の安定を図るため、産業の立地条件及び都市施設を整備することにより、その地方の開発発展の中核となるべき新産業都市の建設を促進し、もって国土の均衡ある開発発展及び国民経済の発達に資することを目的とする」というものである。

他方で、コンビナート進出反対運動も地域によっては活発に行われる。しかし、静岡県沼津市・三島市・清水町に石油化学コンビナートを進出させようとする計画は、地元の人々が1963年（昭和38年）から1964年（昭和39年）にかけて行った反対運動の結果、関係企業が進出を断念する。

⑹ ばい煙の排出の規制等に関する法律における産業調和条項

国は、1962年（昭和37年）6月2日、ばい煙の排出の規制等に関する法律（ばい煙規制法）を公布し、同年12月1日から施行する。その1条は次のとおりである。

> 「この法律は、工場及び事業場における事業活動に伴って発生するばい煙等の処理を適切にすること等により、大気の汚染による公衆衛生上の危害を防止するとともに、生活環境の保全と産業の健全な発展との調和を図り、かつ、大気の汚染に関する紛争について和解の仲介の制度を設けることにより、その解決に資することを目的とする」

ここでは、生活環境の保全と産業の健全な発展との間で調和を図ることを目的にあげている。ばい煙規制法ははじめて産業調和条項を採用した法律である。この法律は指定地域制を採用し（4条1項）、一定の要件を満たす地域を政令で指定するから、指定されない地域には規制が及ばないうえ、厚生大臣と通商産業大臣が定める排出基準（5条1項）の定め方は水質基準と同様に濃度規制であるから薄めることにより基準を満たすことができた。

2　公害対策基本法の立法作業

(1)　公害対策推進連絡会議・公害審議会の設置

政府は、1964年（昭和39年）3月、閣議決定により、総理府に公害対策推進連絡会議を設けた。委員は関係省庁の次官などである。その後、世のなかに基本法を制定する必要があるとの声が高まり、厚生省は1965年（昭和40年）、厚生大臣の諮問機関として公害審議会を設置した。

(2)　経済団体連合会の建議（第1回）

経済団体連合会（経団連）は、公害審議会設置後まもなくの1965年（昭和40年）11月29日、「公害政策に関する意見」を政府などに建議する。この建議は全3項からなるが、その1項「公害問題に対する基本的な考え方」の（二）を次に引用する*16。

①　調和条項に関係する内容（第1文）

「公害防止のため、産業界としてはもちろん能う限りの努力を払うべきであり、事実、最近の調査によっても、各業界は巨額の支出を行ないつつあるが、他面、産業は厳しい国際競争に直面していて、その負担には限度があるから、これに、一方的に過重の負担を課して産業の存立を脅かすことのないよう、とくに慎重な配慮を加え、産業の健全な発展と生活環境の保全との調和をはかる方針のもとに公害対策を推進すべきである」

ここで経団連は、産業の健全な発展と生活環境の保全との調和をはかる方針をとるべき理由として、産業界は厳しい国際競争に直面しており、公害防止のための支出が過重になると産業自体の存立を危うくすることをあげている。

②　基本法の制定に関係する内容（第2文）

「なお、最近一部に公害基本法を制定すべしとの意見があるが、公害についての十分な科学的解明が行なわれておらず、また公害問題に対する基本的な考え方が確立されていない現状のもとでは、基本法の制定は時期尚早と考える」

この段階における、公害対策に関する経団連の第1次的な対応は、公害に関する基本法を制定することそれ自体に反対するというものである。

⑶　経済団体連合会の建議（第2回）

経済団体連合会は、つぎの⑷でとりあげる「公害審議会の答申」の2日前である1966年（昭和41年）10月5日、「公害政策の基本的問題点についての意見」を政府などに建議した。この意見は、前文と6つの項からなるが、第1項「公害対策と産業の発展振興について」の第1文は次のとおりである*17。

「公害政策の基本原則は生活環境の保全と産業の発展との調和をはかることによって、地域住民の福祉を向上させることにある。したがって生活環境の保全という立場からのみ公害対策をとりあげ、産業の振興が地域住民の福祉向上のための重要な要素である半面を無視するのは妥当でない」

ここで経団連は、産業の健全な発展と生活環境の保全との調和をはかる方針をとるべき理由として、産業の振興が地域住民の福祉向上のための重要な要素である半面をもつことをあげている。第1回の建議における調和条項採用の主張の理由と内容が異なっているのは、公害審議会の審議の状況などを反映しているのであろう。

⑷　公害審議会の答申

公害審議会は、1966年（昭和41年）10月7日、厚生大臣に「公害に関する基本施策について（答申）」を提出した。この答申の冒頭部分には「総合的な公害行政の体系を速やかに整備するため格別の努力を払われるようとくに要請する」と書かれている[*18]。

⑸　公害対策基本法（仮称）試案要綱（厚生省試案要綱）

厚生省は、公害審議会の前記答申に基づき、公害対策基本法（仮称）試案要綱（厚生省試案要綱）を作成し、1966年（昭和41年）11月22日、公害対策推進連絡会議に提出した。この厚生省試案要綱の1条は、「この法律は、公害対策の総合的な推進を期するため、公害対策にかかる国及び地方公共団体の施策の基本となる事項を明らかにし、公害防止指定地域における公害防止施策の策定及び実施、公害対策にかかる行政体制の整備その他の事項を定め、もって国民の健康、生活環境及び財産を公害から保護し、公共の福祉に資することを目的とすること」であり、経済調和条項は入っていない[*19]。

⑹　公害対策基本法要綱案（政府試案要綱）

⑸の厚生省試案要綱については、内閣総理大臣官房審議室が中心となって検討を加え、意見の調整を行い、これを踏まえて、公害対策推進連絡会議は1967年（昭和42年）2月22日、公害対策基本法要綱案（政府試案要綱）をまとめた。法律の目的の部分は、「この法律は、公害対策の総合的推進を図るため、公害防止にかかる事業者、国及び地方公共団体の責務を明らかにし、及び公害防止施策の基本となる事項を定め、もって国民の健康を公害から保護するとともに、経済の健全な発展との調和を図りつつ、生活環境（財産並びに動植物及びその生育環境であって、人の生活に密接な関係のあるものを含む。以下同じ。）を

保全し、公共の福祉の確保に資することを目的とする」であり、経済調和条項が入っている[20]。

(7) 経済団体連合会の建議（第3回）

経済団体連合会は、政府試案要綱がまとまってから約2週間後の1967年（昭和42年）3月8日、「公害基本法案要綱に関する要望」を政府などに建議する。この要望は、前文と3つの項から成り立っている。前文では、公害基本法の制定は適正な公害総合政策の確立の方向に一歩すすめるものとして期待を寄せてきたが、以下の3点について再検討の余地が大きいとする。

1つめは、法律の所管する官庁を経済企画庁とすべきであるとするものであり（1項）、2つめは事業者の責務に関するものであり（詳細は後記、2項）、3つめは、公害防止にかかる公共事業に関して私企業が負担する費用の範囲を限定すべきことについてである（3項）。

調和条項については、このうちの2項がふれている。2項は以下のとおりである。

> 「要綱によれば、事業者は、公害の発生を防止するため必要な措置を講ずる義務があるとされているが、公害対策には技術的に不可能であったり、経済的に限界があってその実行のため国の助成が必要とされるものもあり、さらにまた生活環境の保全と経済の健全な発展との調和をはかることも必要なので、現実に可能でかつ必要な範囲での努力義務を事業者に課するのが妥当と思う」[21]

(8) 公害対策基本法案の作成

厚生省は、政府試案要綱に沿って法案を作成し、1967年（昭和42年）5月16日閣議決定をする。この法案の目的規定は、「この法律は、事業者、国及び地方公共団体の公害の防止に関する責務を明らかにし、並びに公害の防止に関する施策の基本となる事項を定めることにより、公害対策の総合的推進を図り、もって国民の健康を保護するとともに、経済の健全な発展との調和を図りつつ、生活環境を保全することを目的とする」となっており、経済調和条項が入っている[*22]。

(9) 内閣法制局審査

この公害対策基本法案の内閣法制局審査には、常時20名あまりの関係省庁の担当者が出席し、かなり緊張する。閣議請議大臣は、内閣総理大臣、法務、大蔵、文部、厚生、農林、通商産業、運輸、労働、建設、自治である[*23]。

内閣法制局の担当参事官は、調和条項について、「およそ一つの施策を推進する場合に、その事柄に応じて他の施策との調和を図らなければならないことは当然であり、そのことはその趣旨の文言があるかどうかによって差異が生ずるものでないこと、目的を記述している文言の上に、それに限定を加えるような文言をかぶせることは必ずしも好ましいとは思われないこと等から、調和を図る文言を削るとか、あるいはその旨を項を分けて記述するとかの方法をとってはどうか等の提言をしてみた」とされる[*24]。

(10) 国会における技術的修正

国会は、衆議院産業公害対策特別委員会において、国会提出法案の1条から調和条項の部分を取り出し、新たに第2項を設ける修正をする。公害対策基本法は、1967年（昭和42年）8月3日公布され、同日から施行される。

(11) 4大公害訴訟提起との時期的関係

上空からみた四日市コンビナート

公害対策基本法を制定した1967年（昭和42年）は、三重県四日市市のぜん息患者がコンビナート6社を相手として大気汚染を原因とする健康被害の発生を主張して、損害賠償請求訴訟を津地裁四日市支部に提起した年であるとともに、新潟水俣病の被害者が水質汚濁を原因とする健康被害を主張して、損害賠償請求訴訟を新潟地裁に提起するなど、本格的な公害訴訟がはじまった年である。

3 経済調和条項

(1) 経済調和条項の内容

公害対策基本法制定当時の1条は、冒頭に掲げたとおりである。この1条1項の「公害」については、2条1項が次のように定義している。

> 「この法律において『公害』とは、事業活動その他の人の活動に伴って生ずる相当範囲にわたる大気の汚染、水質の汚濁、騒音、振動、地盤の沈下（鉱物の掘採のための土地の掘さくによるものを除く。以下同じ。）及び悪臭によって、ひとの健康又は生活環境に係る被害が生ずることをいう」

また、1条2項の「生活環境」については、2条2項が次のように規定している。

「この法律にいう『生活環境』には、人の生活に密接な関係のある財産並びに人の生活に密接な関係のある動植物及びその生育環境を含むものとする」

一方、国の責務に関する4条は、「国は、国民の健康を保護し、及び生活環境を保全する使命を有することにかんがみ、公害の防止に関する基本的かつ総合的な施策を策定し、及びこれを実施する責務を有する」と規定し、1条を踏まえている。

さらに、調和条項に関連し、環境基準を定める9条は、1項において「政府は、大気の汚染、水質の汚濁及び騒音に係る環境上の条件について、それぞれ、人の健康を保護し、及び生活環境を保全するうえで維持されることが望ましい基準を定めるものとする」と規定し、2項においては「前項の基準のうち、生活環境に係る基準を定めるにあたっては、経済の健全な発展との調和を図るように考慮するものとする」と規定して、生活環境を保全するうえで維持されることが望ましい基準については、1条に対応して調和条項を設けている。

(2) 調和条項に対する経済団体連合会の評価

経済団体連合会は、公害対策基本法、とくに、調和条項について『経済団体連合会五十年史』において、次のように評価している*[25]。

「その［基本法制定の］論議の中で、一方的に産業側に責任や負担を課したり、発生源規制のみを中心に公害対策を考えるなど、産業界にとって問題となる点が非常に多く見受けられたため、当会は66年10月『公害政策の基本的問題点についての意見』、67年3月に『公害基本法案要綱に関する要望』を建議した。その結果、成立した基本法には、法の目的として『生活環境の保全については経済発展との調和を図る』との一項が盛り込まれるなど、ほぼ満足すべき

内容のものとなった」（［　］内筆者）

つまり、公害対策基本法の立法経過について、経済界は、当初、多くの問題があると考えていたが、公害審議会の審議中にした２度にわたる建議などの結果、「ほぼ満足すべき内容」になったと評価し、ほぼ満足すべき内容の例示として、経済調和条項が法の目的に盛り込まれたことをあげている。経済界は、調和条項がこの法律のポイントであると考えている。

⑶　調和条項に対する立法担当者の解説

当時、厚生省環境衛生局公害課勤務の幸田正孝氏の立法解説「公害対策基本法」が、『ジュリスト』379号に掲載されている*26。同解説は、前文と９項からなる。その１項「本法の目的――経済発展との調和」の２文から４文を引用する。

「公害防止と経済発展との調和をどの点に求めるかは、公害対策の基本理念にかかわる問題であるが、本法は、国民の健康は経済の発展にも何ものにも替えがたい絶対的な要請として保護するとともに、生活環境については経済の健全な発展との調和に配慮しながら保全していく考え方にたったものである。もちろん、人の健康と生活環境とが密接な関係にあることはいうまでもなく、健康に支障を及ぼすような生活環境の悪化まで経済の発展のために認めようとするものではなく、生活環境のより快適さを求めるような場合には、経済発展との相関関係を考慮し調和に配慮していくこととしているものである。たとえば、東京都心の大気を長野県の上高地の大気と同様の清浄さに保つためには、東京における事業活動その他の人の活動はほとんどストップしなければならない。そこで健康の保護は絶対的としても生活環境の保全については少なくとも街路樹がすべて枯れるようでは困るというような判断のもとに、経済発展との調和に配慮しながら生活環境の保全を図っていくことが現実的な公害対策である。また、隅田川についていえば、沿岸の住民の健康をそこなうような事態があれば何としても解決しなければならないが、徹底的に浄化して白魚までも棲めるようにしようとすると、沿岸の事業活動その他の人の活動は大幅に停止するか、不可能なほどの莫大な投資を要することとなる。せめて悪臭を発しない程度の水質にしようとすることによって両者のバランスがとれることとなろう。

このように、国民の健康の保護は絶対的な要請としてこれを守るとともに、生活環境の保全については、経済の健全な発展との調和を配慮要件とし、生活環境の快適さを経済生活の豊かさとの調和のもとに確保しようとするものに外ならない。

なお、経済の健全な発展との調和は、地域経済又は国民経済全体の秩序ある発展との調和をいうものであり、個々の企業の利益の追求を指すものではない」

上高地と隅田川の例は、やや極端であるとの印象をもつが、いずれの例も、1967年（昭和42年）6月16日に開かれた、第55回国会の衆議院産業公害及び交通対策特別委員会において、小山省二委員の質問に対する坊秀男厚生大臣の答弁のなかにでてくる*27。坊大臣は、東京の大気については、せめて秩父あたりの空気までもっていくことを考えており、隅田川については、数年前から利根川の水を放流して悪臭は除去され緩和されたが、干ばつのため、千葉や茨城で田植えができないときに、一時、隅田川への放流を停止し干ばつ地帯に流し、そのため隅田川の下流で非常な悪臭が戻ってしまったという例をあげた。

⑷　経済調和条項の問題点

経済調和条項に対してはさまざまな観点から問題点を指摘できるであろう。私としては、次の2点を指摘したい。

問題点の1つは、どのような行為をすると生活環境の保全を害することになるのかということが不明確であるということである。

公害対策基本法1条の1項と2項は、生活環境を保全するレベルには限界があり、経済の健全な発展との調和を乱すことになるときは、上記の限界を超すものとして相当ではないから、そのようなレベルまで生活環境を保全する必要はなく、むしろ望ましくないという価値判断の基準を示している。それでは、経済の健全な発展をどの程度まで妨げると「調和」を図ることができなくなるのか。「調和」という用語には、かなり微妙なニュアンスがこめられている。加えて、経済の発展には「健全な」という価値判断をともなった修飾語もある。

もう1つの問題点は、健康の保護と生活環境の保全に差異をつけることについてである。

すなわち、公害対策基本法1条1項と2項は、「国民の健康を保護する」ことと「生活環境の保全」との間に、「経済調和条項」の制約が働かないか働くかの差異を設けている。しかし、そのときどきの環境の状況が生活環境を悪化させているという状態にとどまっているのか、それとも健康被害が発生するという状態に達したのか、ということを区別することは容易なことではないであろう。2つの状態が連続していると考えられるうえに個人差もあるからである。具体的事例においてこの条項を適用しようとすると困難な点が多く生じるであろう。このように考えると、同法1条の1項と2項が、健康の保護と生活環境の保全との間に差異を設けることについての合理性の存在についても疑問が生じる。

(5) 経済調和条項の実施法への反映

① ばい煙規制法の廃止と大気汚染防止法の制定

公害対策基本法制定の翌年、1968年(昭和43年)、国は、大気汚染防止法を制定し、ばい煙の排出の規制等に関する法律(ばい煙規制法)

を廃止する。大気汚染防止法1条の1項と2項は、公害対策基本法の1条と同じく1項と2項に書きわけるというスタイルで、生活環境の保全は産業の健全な発展との調和が図られるものとするとの産業調和条項がある。なお、ばい煙規制法は公害対策基本法制定前に産業調和条項を導入したことは先にふれたとおりである。

② 騒音規制法の制定

同じ1968年（昭和43年）、国は、騒音規制法を制定した。その1条には「産業の健全な発展との調和を図りつつ生活環境を保全し」という文言が入っている。公害対策基本法や大気汚染防止法のように1条を1項と、2項に書きわけるスタイルをとっていない。

③ 水質保全法への調和条項の導入

1970年（昭和45年）6月、公害国会を約半年後に控え、国は「公共用水域の水質の保全に関する法律（水質保全法）」の目的規定を改正し、産業調和条項を導入する（同年6月12日公布、同日施行）。同年秋から冬にかけての公害国会において法律自体が廃止されることになるから、この産業調和条項はわずか半年間だけ効力を有したことになる[*28]。

このように、公害対策基本法の実施法においては、公害対策基本法の1条に従い、公害国会の半年前まで経済調和条項を設ける立法を行っている。この公害国会半年前という時期においては、もはや経済界も経済調和条項にこだわることはなかったと思われる。公害対策基本法に経済調和条項があるために、実施法がこれに従ったということであろう。

(6) 新全国総合開発計画の策定

公害対策基本法制定後であるが、調和条項削除前の時期にあたる1969年（昭和44年）5月30日、新全国総合開発計画（新全総、後に第2

次全国総合開発計画といわれる）が閣議決定されている。ここでは、全総（第1次全国総合開発計画）の拠点開発方式（新産業都市）から、全国国土の有効活用の観点から巨大工業基地の遠隔地の立地が計画される。苫小牧東部やむつ小川原などである。その後、この2か所の事業会社は破綻に追い込まれている*29。

なお、1969年（昭和44年）の段階で全国総合開発計画による15の新産業都市すべてにおいて公害が発生していたとされている*30。

全総については、第3次（1977年・昭和52年）、第4次（1987年・昭和62年）と続き、第5次（1998年・平成10年）をもって終了する。国土総合開発法は、2005年（平成17年）の改正により中身がかわるとともに、題名も「国土形成計画法」となる。

II　公害対策基本法の改正

1　公害対策基本法の改正作業

政府は、1970年（昭和45年）7月末に内閣に公害対策本部を設置し、総理大臣が本部長になる。同本部は、公害対策閣僚会議を7回開催したが、8月4日に開かれた第1回の会議において、「経済との調和」に関する問題は、この条項を削除することで政府の見解が一致した*31。

内閣法制局における公害対策基本法改正法の法案審査は、同法制定時と同一の者が行ったが、1条について、経済調和条項を削除することについて省庁間に対立はなかった*32。

1970年（昭和45年）は、所得倍増計画の最後の時期にあたり、経済の高度成長は、最終段階に入った。経済成長に伴って表われる弊害とそれを除去する必要性について、立法担当者は次のように説明

している。

「45年に入ると、公害現象は、ますます複雑の度を加え、さらに公害発生地域も全国にわたり、特に自動車排出ガスによる鉛汚染、光化学スモッグ、カドミウム汚染、河川、海域等の公共用水域の水質の汚濁、産業廃棄物による公害等新しい公害現象が発生し、公害問題は、深刻な社会問題となり、全国民の関心の的となった。世論もまた政府の積極的な対策を望む意見が強くなった」*33

2 公害対策基本法の改正

(1) 経済調和条項の削除

1970年(昭和45年)、国会はいわゆる公害国会と呼ばれる臨時国会を開き、14もの公害に関連する法律を制定し、改正する法案を審議する。公害対策基本法の一部を改正する法律案はそのなかの1つである。この法案のもっとも重要なところは、経済調和条項を規定する1条2項を削除することである。

公害国会において経済調和条項を削除したことにより、生活環境を保全するにあたり、経済の健全な発展の面からの制約を受けないことになった。これは、価値判断の基準の大きな変更である。大塚直は、調和条項が削除されたときと環境基本法の4条と3条に持続可能な発展概念が導入されたときにパラダイムの変更があったと評価する*34。

公害対策基本法1条は調和条項を削除する改正の際、同条に次の傍点の文言を加えた。改正後の1条は次のとおりである。

「この法律は、国民の健康で文化的な生活を確保するうえにおいて公害の防止がきわめて重要であることにかんがみ、事業者、国及び地方公共団体の公害の防止に関する責務を明らかにし、並びに公害の防止に関する施策の基本となる事項を定めることにより、公害対策の総合的推進を図り、もって国民の健康を保護するとともに、生活環境を保全することを目的とする」

新しい1条を全体としてみると、その価値は2つあるということができよう。1つは、生活環境を保全する利益を受けることについて、ばい煙規制法（1962年・昭和37年）制定以来続いていた制約、すなわち、経済（産業）の健全な発展と調和するかぎりでその利益を受けることを認めるという制約から解放することである。もう1つは、健康で文化的な生活を確保するためには、公害の防止が極めて重要であることを明言することにより、健康な生活だけではなく、文化的な生活をも確保することの重要性と、そのような生活を確保するために公害を防止すべきことを強く指摘していることである。

公害国会を開いた1970年（昭和45年）という年は、4大公害訴訟のすべてが係属中である。経済界は、これらの訴訟の審理の進行状況についても配慮するであろう。4大公害訴訟の被告は有力な企業ばかりである。4大公害訴訟の係属も産業側が調和条項を削除することに反対しづらい状況をつくることに寄与していたものといえよう。

⑵ 自然環境の保護に関する条項の新設

公害対策基本法の公害国会における改正は調和条項の削除にとどまらない。その他にも改正をしている。そのなかで重要なものが、「自然環境の保護」の見出しで新設された17条の2である。その内容は「政府は、この節に定める他の施策と相まって公害の防止に資するよう緑地の保全その他自然環境の保護に努めなければない」というものである。公害防止に資するためにするという限定はあるが、

基本法において、政府が自然環境の保護に努めなければならないことを初めて明文化をしたことには意味がある。

3 経済調和条項削除が及ぼすもの

(1) 経済調和条項削除の実施法への反映

公害国会において、大気汚染防止法と騒音規制法については、産業調和条項を削除する改正をした。また、水質汚濁については、水質2法を廃止し、水質汚濁防止法を制定した。水質保全法には半年前に産業調和条項を入れられたが、もちろん水質汚濁防止法はこれを受け継いでいない。

(2) 無過失損害賠償責任と総量規制の採用

公害対策基本法改正の2年後の1972年（昭和47年）には、大気汚染防止法と水質汚濁防止法について、無過失責任に関する規定を設ける改正をする。なお、鉱業法は1939年（昭和14年）に改正をし、鉱害の賠償につき無過失責任を採用していた。

汚染物質の総量を規制する総量規制については、大気汚染防止法は1974年（昭和49年）、水質汚濁防止法は1978年（昭和53年）に採用をするための改正をする。

これらの改正は、経済調和条項削除によって容易になったということはできるであろう。

(3) 閣議了解に基づく環境影響評価と立地上の過失を認めた判決

1972年（昭和47年）6月6日、政府は「各種公共事業に係る環境保全対策について」という閣議了解をし、国の公共事業は行政決定の前に環境影響評価をする方針をたてる。1973年（昭和48年）、上記閣議了解に基づいて、港湾法（1950年・昭和25年制定）、公有水面埋立法（1921年・大正10年制定）および工場立地法（1959年・昭和34年制定）などを改正する。

1972年（昭和47年）7月24日、津地裁四日市支部は四日市ぜん息訴訟につき原告（住民）勝訴の判決を言渡し、そのなかでコンビナートに工場を建設した企業について、立地上の過失があったと判示する。そこにおける注意義務の内容と環境影響評価の内容は、本質的には同じである。そこで、以下、同判決の立地上の過失の有無を判断している部分を引用する。

> 「石油を原料または燃料として使用し、石油精製、石油化学、化学肥料、火力発電等の事業を営み、その生産過程において、いおう酸化物などの大気汚染物質を副生することの避け難い被告ら企業が、新たに工場を建設し稼動を開始しようとするとき、特に、本件の場合のようにコンビナート工場群として相前後して集団的に立地しようとするときは、右汚染の結果が付近の住民の生命・身体に対する侵害という重大な結果をもたらすおそれがあるのであるから、そのようなことのないように事前に排出物質の性質と量、排出施設と居住地域との位置・距離関係、風向、風速等の気象条件等を総合的に調査研究し、付近住民の生命・身体に危害を及ぼすことのないように立地すべき注意義務があるものと解する。
>
> ところで、［証拠省略］によれば、被告らは、その工場立地に当たり、右のような付近住民の健康に及ぼす影響の点について何らの調査、研究をもなさず漫然と立地したことが認められ、被告1を除く被告5社について右立地上の過失が認められる」*35

(4) 4大公害裁判の結果

公害対策に関する基本法と実施法の目的規定における環境と経済に関する価値判断の基準が変わることになれば、関連する訴訟に影響を与えることになるであろう。公害国会の時期に裁判所に係属していた4大公害訴訟は、大気汚染、あるいは水質汚濁について、因

果関係や企業の過失などが問題となっていた。4大公害訴訟の判決は、公害国会の翌年のイタイイタイ病1審判決を皮切りとして、すべて原告側が勝訴する。

すなわち、富山地裁は、1971年（昭和46年）に4大公害訴訟ではじめてイタイイタイ病訴訟につき患者原告勝訴の判決を言い渡す（控訴）。名古屋高裁金沢支部も1972年（昭和47年）6月30日原告勝訴の判決を言い渡す（確定）。なお、翌日の7月1日には環境庁が設置されている。

新潟地裁は、1971年（昭和46年）、新潟水俣病1次訴訟につき患者原告勝訴の判決を言い渡す（確定）。津地裁四日市支部は1972年（昭和47年）、前述のとおり四日市ぜん息訴訟について原告勝訴の判決を言い渡し（確定）、熊本地裁は、1973年（昭和48年）、熊本水俣病第1次訴訟について原告勝訴の判決を言い渡している（確定）。

これらの判決は、因果関係や過失の認定などにおいて、被害者を救済する方向の判断を示し、加害企業にとって、厳しい結果となる。上記のとおりイタイイタイ病のほかは、1審の被害者勝訴判決が確定し、イタイイタイ病についても2審で被害者勝訴判決が確定する。

公害対策基本法1条から経済調和条項を削除するということは、4大公害訴訟の結果と相まって、生活環境の保全は企業の活動に優先するという法律上の価値判断を示すことにより、その後の経済（経済人といってもよいだろう）、立法（国会議員）、行政（行政官）および司法（裁判官）、そして

水俣病の原点 百間排水口（工場からの水俣病発症原因であるメチル水銀を含む排水はここから流された）

国民一般に被害者の立場にたってものを考えるという意識を植えつけることに一定の影響を与えたということはできよう。

III　環境基本法

1　環境基本法制定に至る経緯

(1)　ニクソン・ショック

公害国会の翌年である1971年（昭和46年）8月15日、アメリカの大統領ニクソンは、新経済政策のなかで金とドルの交換停止、10%の輸入課徴金の賦課、アメリカ国内で物価・賃金を90日間凍結し、各国で通貨の調整をすることを求めるという新経済政策を発表する。いわゆるニクソン・ショックである。アメリカは、ベトナム戦争におけるばく大な軍事支出や貿易赤字により国際収支が悪化していた。そのとき、ヨーロッパの為替市場が1週間にわたり閉鎖をしたにもかかわらず、日本政府と日本銀行（日銀）は東京市場を閉鎖せず、ドルを買い続けた。その結果、40億ドルもの大量のドルが日本に入る。同年8月28日に変動相場制に移り、同年12月17日からワシントンで開かれた10か国蔵相会議で円の相場は1ドル308円に決まる。政府によるドル買いにより、企業の資金がだぶつくことになる。この

ニクソン大統領（1969年のベトナム訪問時）
Nixon in Saigon (1969) by Arthur Schatz
available at https://www.flickr.com/photos/13476480@N07/16775308050/ under a Creative Commons Attribution 4.0.
Full terms at https://creativecommons.org/licenses/by/4.0

ような通貨調整にもかかわらず、高度経済成長は、第1次石油ショックが起きた1973年（昭和48年）までつづくのである。

⑵ 人間環境宣言

公害国会の2年後の1972年（昭和47年）6月16日に、日本を含む世界114か国が参加し、スウェーデンにおいて国際連合人間環境会議が開催され、人間環境宣言（ストックホルム宣言）と行動計画を採択する。この宣言には、人間環境の保全と向上に関して、世界の人々を励まし、導くための7つの宣言と26の原則の表明がある。

原則1の第1文は、「人は、尊厳と福祉を可能とする環境で、自由、平等及び十分な生活水準を享有する基本的権利を有するとともに、現在及び将来の世代のために環境を保護し改善する厳粛な責任を負う」である。

⑶ 日本の自然保護立法

ストックホルムで人間環境宣言がだされた1972年（昭和47年）6月、日本国内では、自然環境保全法が成立し、同年6月22日に公布され、1973年（昭和48年）4月12日に施行される。

この法律は、基本法の名は冠していないが、自然環境保全の分野において、基本法と実施法の双方の性格を備えている。

制定当時の目的規定（1条）は、「この法律は、自然環境の保全の基本理念その他自然環境の保全に関し基本となる事項を定めるとともに、自然公園法（昭和32年法律第161号）その他の自然環境の保全を目的とする法律と相まって、自然環境の適正な保全を総合的に推進し、もって現在及び将来の国民の健康で文化的な生活の確保に寄与することを目的とする」と規定する。

2条は、この法律の基本理念を定めているが、「自然環境の保全は、自然環境が人間の健康で文化的な生活に欠くことのできないものであることにかんがみ、広く国民がその恵沢を享受するとともに、将来の国民に自然環境を継承することができるよう適正に行われなければならない」と規定した。この2条は基本法の性格をもつので、1993年(平成5年)に環境基本法を制定するときに同法に引き継がれ、自然環境保全法からは削除される。自然環境保全法制定時の1条と2条は、将来の国民に自然環境を承継することを明記している点は、すすんでいる。

ところが3条は、「財産権の尊重及び他の公益との調整」の見出しのもとに、「自然環境の保全に当たっては、関係者の所有権その他の財産権を尊重するとともに、国土の保全その他の公益との調整に留意しなければならない」と規定している。この規定の前半は、自然環境の保全にあたって、関係者の所有権、例えば工場の建物所有権、機械の所有権あるいは敷地所有権を尊重する、すなわち、操業している産業を尊重するという規定であるといえよう。公害対策基本法が、1970年(昭和45年)の改正で調和条項を削除したことにみられる環境と経済との新しい関係のあり方にも反する。1957年(昭和32年)に制定された自然公園法4条が同趣旨の財産権の保護規定を設けていた例を自然環境保全法が踏襲したということであろう*36。

(4) ワシントン条約

1973年(昭和48年)3月、ワシントンで「絶滅のおそれのある野生動植物の種の国際取引に関する条約(ワシントン条約(日本における通称)、国際的にはCITES(サイテス):Convention on International Trade in Endangered Species of Wild Fauna and Flora)が採択される。条約は1975年(昭和50年)に発効し、1980年(昭和55年)に日本についても発効する。

⑸ 2度の石油ショックからバブル崩壊まで

ワシントン条約が採択された1973年（昭和48年）の10月に第1次石油ショックが起こる。第4次中東戦争を契機としてアラブ産油国が原油輸出量を削減し、1974年（昭和49年）1月にかけて原油価格が4倍に引き上げられ、世界経済の危機となった。これを機会に、日本の高度経済成長は終わり、低成長あるいは、安定成長時代に入る。その後、イラン革命に端を発する第2次石油ショックが1979年（昭和54年）に起きる。

政府は、1975年（昭和50年）、中央公害対策審議会に、「環境影響評価制度のあり方について」の諮問を行う。経団連は、翌1976年（昭和51年）2月16日、「環境影響評価制度に関する意見」を建議し、時期尚早を理由に反対の意思を明確にする*37。

また、中央公害対策審議会は、1979年（昭和54年）環境影響評価の法制化をすべきであるとの答申を行う。しかしこの時も、経団連は翌年、『経団連月報』*38 に、川崎京市経団連環境安全委員会委員長の「環境アセスメントの立法化問題」という文を掲載し、環境影響評価に関する立法に再度反対することを表明する。

1981年（昭和56年）、政府は、環境影響評価法案を国会に提出するが、継続審議の末、1983年（昭和58年）、審議未了で廃案となるものの、翌1984年（昭和59年）、環境影響評価に関する要綱を閣議決定する。以後、この要綱による環境影響評価を行うことになる。公害対策基本法の根幹の改正をもってしても、統一的な環境影響評価法の成立には至らなかった。その成立は、環境基本法制定（1993年・平成5年）の後の1997年（平成9年）まで待たなければならない。

経済界は、環境に関する立法に対し、依然として強い影響力をもっていたということであろう。日本では、第2次石油ショックのあ

プラザ合意の会場
ニューヨーク プラザホテル
The Plaza Hotel by Reading Tom
available at https://www.flickr.com/photos/16801915@N06/8190 347789/

と、アメリカとの貿易不均衡が問題となった。日本からみて輸出が大きく超過していた。先進5か国蔵相会議（G5）が1985年（昭和60年）にニューヨークのプラザホテルで開催された際、国際協調により、為替調整による円高誘導を認めた*39。いわゆるプラザ合意であり、急速な円高が日本の輸出産業に打撃を与える。しかし、輸出産業以外では、原油安などのメリットもあり、1986年（昭和61年）後半には好景気に転じる。

日銀は、プラザ合意後の急激な円高を避けるために大量のドルを買った結果、大量の円が市中に流れた。企業には、海外の低い利子率の資金も入ってきた。日銀は、円高不況を避けるため、公定歩合を何度も下げた。大量に余った円は、銀行金利が安いため、土地や株の投資にむかい、地価や株価が暴騰した。これに連動して借金のための担保余力が増し、もてる者はさらに借り入れて投資を続けるということを繰り返した。資産価格は実体を離れてふくらんだため、それが泡（バブル）にたとえられた。

日経平均株価は、1989年（平成元年）12月の最終取引日である29日に3万8,915円87銭となり、これが戦後の最高となる。しかし、年が明けた1990年（平成2年）に入ると1月のはじめから株価は下落を続け、同年10月には暴落し、1992年（平成4年）8月にはついに1万5,000円を割る事態になる。

一方、土地について大蔵省は、1990年（平成2年）4月1日、不動産向け融資の伸び率を融資総額の伸び率以下に抑えるように求める

(総量規制)。この措置により、土地の公示価格は翌1991年(平成3年)から下落する。

1991年(平成3年)ころになると株と土地をあわせ、価格の下落が続き、回復しない状態になる。こうした事態は、バブルがはじける、あるいはバブルが崩壊するといわれるようになる。日本はこのような時期に地球サミットをむかえるのである。

(6) 地球サミット

1992年(平成4年)6月ブラジルのリオ・デ・ジャネイロにおいて、日本も参加する、「環境と発展(開発)に関する国際連合会議(UNCED)」(地球サミット)が開催され、宣言、条約などを採択した。これらの内容は、環境基本法制定に大きな影響を与えている。

① 環境と発展(開発)に関するリオ・デ・ジャネイロ宣言(リオ宣言)

この宣言は、1972年(昭和47年)のストックホルム宣言を再確認し、27の原則が掲げられている。強制力はないが、各国政府と国民がとるべき方向が示されている。そのいくつかを引用する[*40]。

「第4原則　持続可能な発展(開発)を達成するために、環境保護は、発展(開発)過程の不可分の一部をなし、これから分離して考えることはできない。

第7原則　各国は、地球の生態系の健全性及び一体性を保全、保護及び回復のために、地球規模のパートナーシップの精神によって協力しなければならない。地球環境の悪化に対する異なった寄与という観点から、各国は共通であるが差異のある責任を負う。先進諸国は、彼らの社会が地球環境にもたらす圧力及び彼らが支配する技術及び財源の観点から、持続可能な発展(開発)の国際的な追求において負う責任を認識する」

② アジェンダ21

アジェンダ21は、リオ宣言を受け、各国、各国際機関が21世紀に向けて実行すべきである、持続可能な発展（開発）を実現するための行動指針を定めている。

③ 生物多様性に関する条約（生物多様性条約）

この条約の発効は1993年（平成5年）であり、日本についての発効も同様である。前文、本文42条、附属書I、同IIからなる。1条1文は、「この条約は、生物の多様性の保全、その構成要素の持続可能な利用及び遺伝資源の利用から生ずる利益の公正かつ衡平な配分をこの条約の関係規定に従って実現することを目的とする」と規定する。

④ 気候変動に関する国際連合枠組条約（気候変動枠組条約）

この条約の発効は1994年（平成6年）であり、日本についての発効も同様である。この条約の目的は2条に規定されている。そこでは、「……気候系に対して危険な人為的干渉を及ぼすこととならない水準において大気中の温室効果ガスの濃度を安定化させることを究極的な目的とする。そのような水準は、生態系が気候変動に自然に適応し、食糧の生産が脅かされず、かつ、経済発展（開発）が持続可能な態様で進行することができるような期間内に達成されるべきである」と規定している。

⑤ 全ての種類の森林の管理、保全及び持続可能な発展（開発）に関する世界的な意見の一致のための法的拘束力のない権威ある原則声明（森林原則声明）

この声明は、地球サミットで条約化も検討されたが、森林開発の制限に熱帯林諸国が反対し、原則声明となる。同原則／要素2（b）1文は、「森林資源及び森林地は、現在及び将来の世代の社会的、経済的、生態学的、文化的、精神的な人類の必要を満たすため持続可能な形で管理されるべきである」と規定している。

(7) 希少種保存法

絶滅のおそれのある野生動植物の種の保存に関する法律（希少種保存法）（1992年・平成4年）は、生物多様性条約が1992年6月5日に地球サミットで採択されるとともに、ワシントン条約第8回締約国会議が京都で開催されることを契機として、同年成立し6月5日に公布される。同法1条は、「この法律は、野生動植物が、生態系の重要な構成要素であるだけでなく、自然環境の重要な一部として人類の豊かな生活に欠かすことのできないものであることにかんがみ、絶滅のおそれのある野生動植物の種の保存を図ることにより良好な自然環境を保全し、もって現在及び将来の国民の健康で文化的な生活の確保に寄与することを目的とする」と規定する。ここでは、「野生動植物が、生態系の重要な構成要素である」こと、そして、それだけでなく、野生動植物は、「自然環境の重要な一部として人類の豊かな生活に欠かすことのできないものであること」という認識を示している。希少種保存法が生物多様性条約を踏まえており、ワシントン条約の国内法的な意味をもつとしても、環境基本法制定の前に野生動植物に対する上記の認識が示されたことは重要である。ただし、自然環境保全法のところで述べた財産権の尊重などの規定がおかれている（3条）。環境基本法が成立した現在、この規定は再検討が必要であろう。

(8) 環境基本法の立法過程

地球サミットの前年になる1991年（平成3年）12月5日に環境庁長官は中央公害審議会と自然環境保全審議会の両審議会に「地球化時代の環境政策のあり方について」の諮問を行う。諮問理由のなかに次のような部分がある*41。

「我が国の環境政策は、これまでの個別事象に対応した対策にとどまらず、各般の経済社会活動から生活様式にまで環境保全を織り込んだ環境保全型社会の形成を図っていくことが求められている。そのためには、国際的な取組への参加・貢献はもとより、環境と経済の統合、地球環境保全をも視野に入れた法制度の整備、新たな政策手段の導入等多くの課題に対応していく必要があると考える」

この部分は環境基本法の立法趣旨の根幹にあたるものである。

両審議会から前記諮問のうち、「環境保全の基本法制のあり方」について答申があるのは、地球サミットの後の1992年（平成4年）10月20日である。法案は、1993年（平成5年）3月12日に閣議決定され、第126回国会に提出されるが、成立寸前に解散により廃案となる。しかし、第128回国会中の11月12日に成立し、同月19日公布され、同日から施行される。

環境基本法の立法過程の全体をつうじて、公害対策基本法制定時における調和条項のような価値判断の基準を定める規定に関する深刻な対立はない。

そこで、環境基本法制定の前後における日本経済に目を向けると、1991年（平成3年）ころにバブルがはじけて、「失われた10年」とも「失われた15年」とも呼ばれる時代がはじまろうとしている。

1997年（平成9年）11月になると、三洋証券の会社更生法適用申請（3日）、北海道拓殖銀行破綻（17日）、山一證券自主廃業決定（24日）、徳陽シティ銀行（仙台の地方銀行）破綻（26日）と続き、さらに翌1998年（平成10年）には、日本長期信用銀行の破綻（10月23日）、日本債権信用銀行の特別公的管理の開始（12月13日）と続き、その後においても金融機関の破綻は続いていく状況にあった。

この時期は、経済界にとって大変険しい舵取りを迫られ、環境立法に対する経済界としての対応が取りにくいということがあったのではないか。他方、この時期の環境に関する立法は、気候変動枠組条約・京都議定書に対応する地球温暖化対策の推進に関する法律(1998年・平成10年制定)のように、条約・議定書の国内法化という性格をもつものが目立つ。環境基本法の理念の根幹をなす4条の持続的発展のできる社会をつくるという理念もリオ宣言(第4原則)をとりいれており、このような場合は、国際的約束ができたときに大筋がきまっているので、国内法を制定する段階で大きな対立は起こりにくいという事情もあるだろう。

2　環境基本法の目的と理念

地球サミットの翌年の1993年(平成5年)、わが国は26年間続いた公害対策基本法を廃止し、環境基本法を制定する。この時期は、日本国内ではバブルが崩壊した直後である。環境基本法は、公害防止、自然保護および地球環境・国際協力を網羅した本格的な環境分野の基本法として成立した。

環境基本法制定の必要性について立法担当者は、「今日の環境問題は、人間の社会経済活動による環境への負荷の増大が環境の悪化をもたらすとともに、それが地球規模という空間的な広がりと将来の世代にもわたる影響という時間的な広がりを持つ問題ともなっている。さらに、国民の良好な自然環境へのニーズ等の新しい環境行政に対する要請にも応えていく必要がある。こうした政策手段は、公害対策基本法や自然環境保全法がもつものよりも広範になってきたのである」と述べている[*42]。

環境基本法の1条は以下のとおりであり、この法律の目的を明らかにしている。

「この法律は、環境の保全について、基本理念を定め、並びに国、地方公共団体、事業者及び国民の責務を明らかにするとともに、環境の保全に関する施策の基本となる事項を定めることにより、環境の保全に関する施策を総合的かつ計画的に推進し、もって現在及び将来の国民の健康で文化的な生活の確保に寄与するとともに人類の福祉に貢献することを目的とする」

環境基本法は、そのめざすところを、目的規定である1条のほかに、環境保全についての基本理念を定める規定（3条～5条)、施策の策定などにかかる指針を明らかにする規定（14条）において表明している。

このうち3条は、「環境の恵沢の享受と継承等」の見出しで次のとおり、より根本的な理念を示している。

「環境の保全は、環境を健全で恵み豊かなものとして維持することが人間の健康で文化的な生活に欠くことのできないものであること及び生態系が微妙な均衡を保つことによって成り立っており人類の存続の基盤である限りある環境が、人間の活動による環境への負荷によって損なわれるおそれが生じてきていることにかんがみ、現在及び将来の世代の人間が健全で恵み豊かな環境の恵沢を享受するとともに人類の存続の基盤である環境が将来にわたって維持されるよう適切に行われなければならない」

4条は、「環境への負荷の少ない持続的発展が可能な社会の構築等」の見出しで環境と経済の関係について、次のように言及している。

「環境の保全は、社会経済活動その他の活動による環境への負荷を

できる限り低減することその他の環境の保全に関する行動がすべての者の公平な役割分担の下に自主的かつ積極的に行われるようになることによって、健全で恵み豊かな環境を維持しつつ、環境への負荷の少ない健全な経済の発展を図りながら持続的に発展することができる社会が構築されることを旨とし、及び科学的知見の充実の下に環境の保全上の支障が未然に防がれることを旨として、行われなければならない」

4条の長い1文のなかには、「健全な経済の発展を図りながら」との文言がある。これは、公害対策基本法から削除された経済調和条項のなかの「経済の健全な発展」と似ている。しかし、公害対策基本法における経済調和条項の場合は、生活環境の保全をするには、経済の健全な発展との調和が図られるようにするものとするという文脈における経済の健全な発展であった。

これに対し環境基本法4条は、健全で恵み豊かな環境を維持しつつ、環境への負荷の少ない「健全な経済の発展」と規定し、しかも、経済の発展を図りながら「持続的に発展することができる社会の構築されること」という最終的な目的を明示しているから、かつての経済調和条項とは文脈を異にする。すなわち、「環境への負荷の少ない健全な経済の発展を図りながら持続的に発展することができる」社会を構築することを目指すというのであるから、環境への負荷の少ないことが健全な経済の発展になる。ここでは、調和条項のときのような2つの利益を対立した状態のままにしておくのではなく、環境と経済が一体として持続的に発展する社会をつくろうという理念をもっている*43。

5条は、「国際的協調による地球環境保全の積極的推進」の見出しのもとに次のように規定する。

「地球環境保全が人類共通の課題であるとともに国民の健康で文化的な生活を将来にわたって確保する上での課題であること及び我が国の経済社会が国際的な密接な相互依存関係の中で営まれていることにかんがみ、地球環境保全は、我が国の能力を生かして、及び国際社会において我が国の占める地位に応じて、国際的協調の下に積極的に推進されなければならない」

環境基本法は、以上の3か条に定める理念を環境保全についての基本理念と呼んでいる（6条）。3条から5条までに掲げる環境保全についての基本理念の内容は抽象的であるが、「第2章　環境の保全に関する基本的施策」の「第1節　施策の策定等に係る指針」を定める14条は、次のように具体的である。

「この章に定める環境の保全に関する施策の策定及び実施は、基本理念にのっとり、次に掲げる事項の確保を旨として、各種の施策相互の有機的な連携を図りつつ総合的かつ計画的に行わなければならない。

1号　人の健康が保護され、及び生活環境が保全され、並びに自然環境が適正に保全されるよう、大気、水、土壌その他の環境の自然的構成要素が良好な状態に保持されること。

2号　生態系の多様性の確保、野生生物の種の保存その他の生物の多様性の確保が図られるとともに、森林、農地、水辺地等における多様な自然環境が地域の自然的社会的条件に応じて体系的に保全されること。

3号　人と自然との豊かな触れ合いが保たれること」

3　環境基本法が創るもの

(1)　環境影響評価法

環境基本法は、基本法として、具体的な法政策の枠組を示して実施法を制定すべきであることを明示している。例えば、環境基本法20条は、環境影響評価の推進を定めている。公害対策基本法の時

代に環境影響評価法が廃案になったことは前述した（153頁）とおりである。公害対策基本法には、環境影響評価の推進を定めた規定はなかった。

環境基本法の時代になり、1997年（平成9年）に環境影響評価法が成立し、1999年（平成11年）6月12日から全面的に施行されたが、放射性物質による大気の汚染等の防止のための措置については、環境基本法旧13条が除外をしていたことから、環境影響評価法も当初52条1項においてこれを除外した。

⑵ 循環型社会形成推進基本法

わが国は2000年（平成12年）、循環型社会形成推進基本法（循環基本法）を環境基本法の下位の基本法として制定する。

環境基本法では、廃棄物・リサイクル分野について、事業者の責務を定める8条の1項から4項、環境への負荷の低減に資する製品等の利用の促進に関する国の責務を定める24条1項、2項に規定があるが、上記の分野を総合的にとりあげているわけではない。

一方、環境基本法15条に基づいて1994年（平成6年）12月16日に閣議決定される環境基本計画（第1次）は、前文のなかで「物質的豊かさの追求に重きをおくこれまでの考え方、大量生産・大量消費・大量廃棄型の社会経済活動や生活様式は問い直されるべきである」とし、環境政策の長期的目標として「循環」、「共生」、「参加」、「国際的取組」を掲げる。

循環について同計画は、「大気汚染、水環境、土壌環境等への負荷が自然の物質循環を損なうことによる環境の悪化を防止するため、生産、流通、消費、廃棄等の社会経済活動の全段階を通じて、資源やエネルギーの面でより一層の循環・効率化を進め、不用物の発生抑制や適正な処理等を図るなど、経済社会システムにおける物質循環をできる限り確保することによって、環境への負荷をできる限り少なくし、循環を基調とする経済社会システムを実現する」と説明している（第２部第２節⑵長期的な目標）。ここでは、物質循環を確保することができる経済社会システムを目指している。

循環基本法は、この意味の「循環」を扱う基本法である。循環基本法３条は、循環型社会の形成についての基本原則の第１として、「循環型社会の形成」の見出しで、「循環型社会の形成は、これに関する行動がその技術的及び経済的な可能性を踏まえつつ自主的かつ積極的に行われるようになることによって、環境への負荷の少ない健全な経済の発展を図りながら持続的に発展することができる社会の実現が推進されることを旨として、行われなければならない」と規定する。循環型社会の形成は環境基本法の基本理念にのっとっているが（循環基本法１条）、循環基本法３条の規定は、環境基本法４条をふまえ、経済と環境のあるべき新しい関係を掲げている。

⑶　農林水産業に関する基本法

近時の農林水産業についての基本法において、産業の発展は環境の保全の観点から制約を受けることがあることが規定されている。経済調和条項が存在した当時の公害対策基本法において生活環境の保全が経済の健全な発展との調和の名のもとに制約されることがありえたことに対して立場が逆になる。これらの立法においては、環境を保全し持続的発展が可能な社会をつくる観点からの規定が盛り込まれるようになっている。

①　農業分野

農業分野は、環境基本法制定直後の1993年（平成５年）12月にガット・ウルグアイ・ラウンドの農業交渉において、日本の米は関税化をしない代わりに加重されたミニマム・アクセス（輸入量の増加）を

受け入れ、日本の麦は、関税化を行うことなどの内容を含む合意をする。そして翌94年（平成6年）に食糧管理法（1942年・昭和17年）を廃止し、新たに主要食糧の需給及び価格の安定に関する法律（食糧法）を制定するという大きな改正を行う。そのような状況のなかで、1999年（平成11年）7月16日、食料・農業・農村基本法が公布・施行され、農業基本法（1961年・昭和36年）は廃止された。

食料・農業・農村基本法1条は、「この法律は、食料、農業及び農村に関する施策について、基本理念及びその実現を図るのに基本となる事項を定め、並びに国及び地方公共団体の責務等を明らかにすることにより、食料、農業及び農村に関する施策を総合的かつ計画的に推進し、もって国民生活の安定向上及び国民経済の健全な発展を図ることを目的とする」と規定する。2条から5条までは、食料、農業および農村に関する施策についての基本理念を定める。

3条は、「多面的機能の発揮」という見出しのもとに、「国土の保全、水源のかん養、自然環境の保全、良好な景観の形成、文化の伝承等農村で農業生産活動が行われることにより生ずる食料その他の農産物の供給の機能以外の多面にわたる機能（以下「多面的機能」という。）については、国民生活及び国民経済の安定に果たす役割にかんがみ、将来にわたって、適切かつ十分に発揮されなければならない」と規定する。ここでは、自然環境の保全や良好な景観の形成がそのほかの機能とともに、国民生活および国民経済の安定に役割を果たさなければならないとしている。

4条は、「農業の持続的な発展」の見出しのもと、農業の自然的循環機能が維持増進されることなどにより農業の持続的発展が図られなければならないとしている。また、24条では、「農業生産の基盤の整備」の見出しのもと、「国は、良好な営農条件を備えた農地及び農業用水を確保し、これらの有効利用を図ることにより、農業の生産性の向上を促進するため、地域の特性に応じて、環境との調和に配慮しつつ、事業の効率的な実施を旨として、農地の区画の拡大、水田の汎用化、農業用用排水施設の機能の維持増進その他の農業生産の基盤の整備に必要な施策を講ずるものとする」という規定をおく。農業生産の基盤を整備するにあたっては、環境との調和に配慮することを確認している。

② 林業分野

林業の分野は、1964年（昭和39年）7月9日、林業基本法を公布・施行したが、2001年（平成13年）に抜本的な改正をし、その際に題名も改め、森林・林業基本法とする（改正法は7月11日に公布・施行）。その1条は、「この法律は、森林及び林業に関する施策について、基本理念及びその実現を図るのに基本となる事項を定め、並びに国及び地方公共団体の責務等を明らかにすることにより、森林及び林業に関する施策を総合的かつ計画的に推進し、もって国民生活の安定向上及び国民経済の健全な発展を図ることを目的とする」と規定する。

2条は「森林の有する多面的機能の発揮」という見出しのもとに、1項は、「森林については、その有する国土の保全、水源のかん養、自然環境の保全、公衆の保健、地球温暖化の防止、林産物の供給等の多面にわたる機能（以下「森林の有する多面的機能」という。）が持続的に発揮されることが国民生活及び国民経済の安定に欠くことのできないものであることにかんがみ、将来にわたって、その適正な整備及び保全が図られなければならない」と規定する。ここでいう多面的機能には、自然環境の保全のほか、地球温暖化の防止も入っている。さらに11条4項は、（森林・林業）「基本計画のうち森林に関する施策に係る部分については、環境の保全に関する国の基本的な計画との調和が保たれたものでなければならない」と規定している。

③　水産業分野

水産業の分野は、2001年（平成13年）6月29日に水産基本法を公布・施行し、沿岸漁業等振興法（1963年・昭和38年制定）を廃止した。水産業は、他の産業からの影響を受けやすい反面、養殖などでは、環境に与える影響が多い産業である。先に述べた浦安事件では製紙業の操業の被害者であった漁業は、養殖などでは環境を汚染する可能性もある。水産基本法1条は、「この法律は、水産に関する施策について、基本理念及びその実現を図るのに基本となる事項を定め、並びに国及び地方公共団体の責務等を明らかにすることにより、水産に関する施策を総合的かつ計画的に推進し、もって国民生活の安定向上及び国民経済の健全な発展を図ることを目的とする」と規定する。

2条は、水産に関する施策についての基本理念の1つとして「水産物の安定供給の確保」の見出しのもとに3項から構成されているが、その2項は、「水産物の供給に当たっては、水産資源が生態系の構成要素であり、限りあるものであることにかんがみ、その持続的な利用を確保するため、海洋法に関する国際連合条約の的確な実施を旨として水産資源の適切な保存及び管理が行われるとともに、環境との調和に配慮しつつ、水産動植物の増殖及び養殖が推進されなければならない」と規定する。水産業の推進における環境との調和への配慮についての規定である。立法関係者は、「環境との調和」について、「主に周囲の水質、生物等の自然環境との調和が想定されているが、『環境』の文言自体は、自然環境のみならず生活環境をも含むものであり、養殖漁場の悪化による悪臭の発生等の生活環境に及ぼす影響を抑えることも意味するものである」とし、「環境との調和に配慮」については、「環境への影響を極力抑えるとの『環境の保全』の意味を含むだけでなく、さらに環境に積極的に適合していくとの意味あいを含むものである」と述べている[*44]。

上記の水産資源の持続的な利用の確保と、水産動植物の増殖と養殖における環境との調和への配慮とは、環境基本法3条、4条の水産分野における具体化ということができよう。水産基本法には、このほかにも、16条（水産動植物の増殖及び養殖の推進）、26条（水産業の基盤の整備）に「環境との調和に配慮」の文言がある。

(4) エネルギー政策基本法

エネルギー政策一般に関する基本法であるエネルギー政策基本法は、2002年（平成14年）6月14日に公布・施行される。その1条は、「この法律は、エネルギーが国民生活の安定向上並びに国民経済の維持及び発展に欠くことができないものであるとともに、その利用が地域及び地球の環境に大きな影響を及ぼすことにかんがみ、エネルギーの需給に関する施策に関し、基本方針を定め、並びに国及び地方公共団体の責務等を明らかにするとともに、エネルギーの需給に関する施策の基本となる事項を定めることにより、エネルギーの需給に関する施策を長期的、総合的かつ計画的に推進し、もって地域及び地球の環境の保全に寄与するとともに我が国及び世界の経済社会の持続的な発展に貢献することを目的とする」と規定する。エネルギーの利用が地域環境と地球環境に大きな影響を及ぼすことを確認している。

昨今注目されているシェール・ガスの施設

エネルギー政策基本法

は、2条から4条において、エネルギーの需給に関する施策についての基本方針を定める。このうち3条の見出しは「環境への適合」であり、その内容は、「エネルギーの需給については、エネルギーの消費の効率化を図ること、太陽光、風力等の化石燃料以外のエネルギーの利用への転換及び化石燃料の効率的な利用を推進すること等により、地球温暖化の防止及び地域環境の保全が図られたエネルギーの需給を実現し、併せて循環型社会の形成に資するための施策が推進されなければならない」というものである。実現すべきエネルギー需給は、地球温暖化防止と地域環境の保全が図られるものであり、さらに循環型社会の形成に資するものであることが明記されている。

公害対策基本法と環境基本法という経済と環境のかかわりの大きい法分野について、立法に至る道筋、すなわち法を創るものと、立法が及ぼす影響、すなわち法が創るものについて考察を進めてきた。環境を保全するための政策を決める法は、かならず経済・産業を規制する性質をもつから、その実施にあたっては規制される経済・産業の側からの影響を大きく受ける。公害対策基本法が制定されたあとについても公害国会までは、経済からの好ましくない影響を受けることも容認すると受け取ることができるような文言（経済調和条項）が基本法自体に存在したことはその一例である。公害国会においてこの文言が削除されたあとも、環境影響評価法案が廃案になったように、環境立法には経済界・産業界の意向という限界もあった。環境基本法は、この限界を超え、環境と経済が一体となって環境保全を実現するために3つの理念を明らかにした。1つめは、現在に限らず将来の世代が環境の利益を受けられるようにすること、2つめは、よい環境を維持しつつ経済の発展を図りながら持続的に発展することができる社会を作ること、3つめは、地球環境の保全を国際的協調のもとに積極的にすすめることである。これらの理念の意味するところは、環境基本法の実施法に及んでいるばかりではなく、産業の分野の基本法の理念、規定に及ぶようになってきている。このような現実は、経済・産業と環境が対立しているばかりでは望ましい持続可能な社会を創ることはとうてい不可能であり、双方の関係者が対立点を解消するための地道な努力を積み重ねながら共通の目標に向かい互いに協力をすることによってはじめて、将来の世代の利益をも踏まえた政策をつくることができることを示している。

これまでに歩いたことのない道をすすんでいくと、さまざまなところに待っているわかれ道でどちらの方へ行くのがよいのか判断をしなければならなくなる。前方にわかれ道を見つけ、どちらの方へ行くべきか決断をしなければならなくなったときに、確かな根拠をもって正しい方の道を選ぶことができるようになるためには、あらかじめどのようなことをしておけばよいのであろうか。これまで環境と経済はお互いにさまざまな影響を及ぼしあいながら時に対立し、私たちにどちらの方へ行くべきかという選択を迫り、私たちはその都度、選択をしてきた。これからも、国内レベルと地球レベルで次々と大切な選択をしなければならないであろう。

これまで私たちがわかれ道にであったときに、どのようにして進むべき道を選び、そのことによりいかなる結果を発生させたのかということを確かめておくことは、これからもわかれ道に出会う私たちがあらかじめ行っておくべきことの1つであろう。

*1　この項の条例に関する記述は、北村喜宣『自治体環境行政法〔第4版〕』（第一法規、2006年）10頁に負った。
*2　経済企画庁編『昭和31年度　経済白書―日本経済の成長と近代化』（至誠堂、1956年）2-3頁。
*3　同上42-43頁。
*4　環境省総合環境政策局総務課編著『環境基本法の解説〔改訂版〕』（ぎょうせい、2002年）174頁。
*5　若林敬子『東京湾の環境問題史』（有斐閣、2000年）302-337頁は、事件から法制定までの経緯を詳述している。
*6　最高裁第二小法廷平成16年10月15日判決民集58巻7号1802頁、判例時報1876号3頁。
*7　金森久雄他編『経済辞典〔第4版〕』（有斐閣、2002年）638頁。
*8　経済企画庁編『国民所得倍増計画　付　経済審議会答申』（大蔵省印刷局、1961年）5頁。
*9　同上52-53頁。
*10　同上60頁。
*11　同上61頁。
*12　同上34頁。
*13　同上113頁。
*14　安場保吉・猪木武徳「概説　1955-80年」同『日本経済史8 高度成長』（岩波書店、1989年）34頁、経済企画庁・前掲注2　133-134頁によれば、戦前基準にした反当り農薬の物財投下量は6倍程度に達している。
*15　村田喜代治「新産業都市建設と生活環境の破壊」『環境―公害問題と環境破壊』（ジュリスト臨時増刊1971年11月10日号）55頁、佐藤竺「新産業都市建設促進法制定」ジュリスト900号（1988年）130頁参照。
*16　経団連月報13巻（1965年）12号17頁。
*17　経団連月報14巻（1966年）11号15頁、ジュリスト358号131頁。
*18　ジュリスト358号126頁。
*19　ジュリスト363号100頁。
*20　ジュリスト367号120頁。
*21　経団連月報15巻（1967年）4号42頁。
*22　ジュリスト372号123頁。
*23　根岸重治「公害対策基本法について」内閣法制局百年史編集委員会編『証言近代法制の軌跡―内閣法制局の回想』（ぎょうせい、1985年）417頁。
*24　根岸・前掲注23　420頁。
*25　経済団体連合会編『経済団体連合会五十年史』（経済団体連合会、1999年）56頁。
*26　ジュリスト379号（1967年）47頁。
*27　昭和42年6月16日に開かれた、第55回国会の衆議院産業公害及び交通対策特別委員会議事録2-3頁。

*28　この改正経過については、上智大学大学院法務研究科北村喜宣教授に教示していただいた。感謝申し上げる。

*29　2005年（平成17年）2月23日付朝日新聞東京版［橋田正城］。

*30　村田・前掲注15　56-58頁

*31　竹谷喜久雄「"自然憲章"的性格を現然化―公害対策基本法の一部を改正する法律」商事法務研究会編『新公害14法の解説』（商事法務研究会、1971年）8頁。

*32　根岸・前掲注23　421頁。

*33　竹谷・前掲注31　7頁。

*34　大塚直『環境法〔第2版〕』（有斐閣、2006年）11頁、199頁、大塚直「『持続可能な発展』概念」法学教室315号（2006年）73頁。

*35　津地四日市支判昭和47年7月24日判例時報672号98-99頁。会社名はイニシャルにした。

*36　北村喜宣「生きている化石？　環境法のなかの財産権尊重・配慮条項」自治実務セミナー38巻5号（1999年）57頁（『環境法雑記帖』（環境新聞社、1999年）43頁所収）、北村喜宣『プレップ環境法』（弘文堂、2006年）101頁。

*37　経団連月報24巻3号（1976年）13頁。

*38　経団連月報28巻8号（1980年）2頁。

*39　以下の本文の記述にあたっては、主に次の文献を参考にした。日本経済新聞社編『検証バブル　犯意なき過ち』（日経ビジネス人文庫、2001年）126-129頁、299-301頁、橘川武郎「経済危機の本質」東京大学社会科学研究所編『「失われた10年」を超えて［I］経済危機の教訓』（東京大学出版会、2005年）17-22頁、下川浩一『「失われた十年」は乗り越えられたか』（中公新書、2006年）12-20頁。

*40　以下の宣言などの訳文は、地球環境法研究会編『地球環境条約集〔第4版〕』（中央法規、2003年）によった。ただし、「開発」については「発展（開発）」におきかえた。

*41　以下の立法過程については、環境省総合環境政策局総務課・前掲注4　72-111頁、371-387頁、489-490頁を参照した。

*42　環境省総合環境政策局総務課・前掲注4　61頁。

*43　大塚・前掲注34　200-201頁は、「経済調和条項は、『環境か、経済か』という二者択一の議論の中で、環境保全を経済発展の枠内で行うという考え方を示したものである。……『持続可能な発展』は、人類存続自体が環境を基盤にしており、その環境が損なわれているという認識の下に、社会経済活動全体を環境適合的にしていかなければならないという考え方であり、［中略］経済を環境に適合させる形で両者を統合することが考えられている」と述べる。

　また、環境省総合環境政策局総務課・前掲注4　150頁は、「本条は、環境と経済とを対立したものとはとらえず、両者の統合を意図したものであり、国民、事業者を問わずすべての者が環境への負荷の低減等環境の保全に関する行動に取り組むことにより、環境への負荷が少ないような内容の変化を伴っ

た健全な経済の発展を図るべきことを規定したものであ」る、と説明している。

＊44　水産基本政策研究会編著『〔逐条解説〕水産基本法解説』（大成出版社、2001 年）25 頁。

第6章 生活環境から環境一般へ

本章は、環境と経済と法に関して重要な役割を果たしてきた生活環境という概念について考えることを目的とする。生活環境という用語は、産業活動に伴う公害が激しい1950年代後半ころに生まれたと考えられ、旧公害対策基本法（1967年・昭和42年）と環境基本法（1993年・平成5年）の時代に制定された多くの環境法の条文のなかにある。公害に関する多くの法律は、その1条において、生活環境の保全をうたい、2条以下に生活環境という用語を多くみることができる。例えば、大気汚染防止法（1968年・昭和43年）1条には「……大気の汚染に関し、国民の健康を保護するとともに生活環境を保全し、……」というところがあり、同法2条1項3号は、ばい煙の定義に関連し、「……人の健康又は生活環境に係る被害を生ずるおそれがある物質……で政令で定めるもの」と規定する。

この生活環境の内容について、近時、学説から批判が出され、関連する立法があり、最高裁の判決のなかにも生活環境にかかわる重要なものが出されている。生活環境という概念は、ある方向に動き出しているのではないか。

生活環境という用語は、基本法がかわってもその意味内容は、ほとんどそのまま引き継いだ。公害対策が中心であった時代から、自然環境の保全、地球環境の保全を含めた施策を遂行する時代へ移行する際に生活環境の用語の意味をあらためることはしなかった。近時の生活環境概念をめぐる動きにはこうした経緯にも原因がありそうである。このような点を踏まえ、生活環境の進むべき道について考えてみたい*1。

I 生活環境に関する法の規定

1 公害の定義のなかの生活環境

法律や政府の文書が生活環境という用語を一般的に使うようになったのは、1960年（昭和35年）ころからであると思われる。例えば、1962年（昭和37年）に制定された、ばい煙の排出の規制等に関する法律の1条には、生活環境の保全という用語がある。しかし、そこにおける、生活環境の保全という利益は、経済・産業の健全な発展という利益との間で厳しい綱引きがあり、同じ1条には、生活環境の保全は産業の健全な発展との調和を図ることが規定された。いわゆる調和条項である。

制定当初の旧公害対策基本法（1967年・昭和42年）は、生活環境の保全が経済の健全な発展との調和が図られるようにするという1条2項のもとに、生活環境の保全が経済の健全な発展のために制約されるようにも理解されるような規定が設けられた。調和条項は、基本法に取り入れられた。

他方、旧公害対策基本法は、公害を定義したが（2条1項・2項）、環境一般あるいは生活環境を定義しなかった。ただし、同条2項に、以下のとおり、生活環境の定義に関係する規定をおいた。

「1項　この法律において『公害』とは、事業活動その他の人の活動に伴って生ずる相当範囲にわたる大気の汚染、水質の汚濁、騒音、振動、地盤の沈下（鉱物の掘採のための土地の掘さくによるものを除く。以下同じ。）及び悪臭によって、人の健康又は生活環境に係る被害が生ずることをいう。
2項　この法律にいう『生活環境』には、人の生活に密接な関係のある財産並びに人の生活に密接な関係のある動植物及びその生育環境を含むものとする」

1970年（昭和45年）の公害国会において、公害対策基本法とそのほかの法律の調和条項が削除された。生活環境の保全の利益は、経済・産業の健全な発展との関係を制約するものであっても、守らなければならないことが明らかになった。このことが1つのきっかけになり、人々の認識も法律に沿うように変化をしていったと考えられる*2。しかし、そのような、環境と経済に関して大きな変化があったにもかかわらず、公害国会において、2条の規定は、その1項において、「水質の汚濁」のすぐ後に「（水質以外の水の状態又は水底の底質が悪化することを含む。第9条第1項を除き、以下同じ。）」を加え、その後に「土壌の汚染」を加える改正をしたが、生活環境にかかわる2項は改正しなかった。

わが国は、1993年（平成5年）に旧公害対策基本法を廃止し、新たに、環境基本法を制定した。このときも法の性格に大きな変化があった。環境基本法は、公害対策法から環境管理法への転換を促す法律であった*3*4。

生活環境に関する旧公害対策基本法の公害の定義は、環境基本法制定の際、内容的にはほとんどそのまま引き継がれた。この機会に手を加えることはなく、状況は変わらなかった。公害を定義する環境基本法2条3項は次のとおりである。

「この法律において『公害』とは、環境の保全上の支障のうち、事業活動その他の人の活動に伴って生ずる相当範囲にわたる大気の汚染、水質の汚濁（水質以外の水の状態又は水底の底質が悪化することを含む。第16条第1項を除き、以下同じ。）、土壌の汚染、騒音、振動、地盤の沈下（鉱物の掘採のため土地の掘削によるものを除く。以下同じ。）及び悪臭によって、人の健康又は生活環境（人の生活に密接な関係のある財産並びに人の生活に密接な関係のある動植物及びその生育環境を含む。以下同じ。）に係る被害が生ずることをいう」

旧公害対策基本法と対比すると、2条に1項と2項が加わったため、体裁として旧法のように1項と2項に書きわけることができなくなり、3項のなかに、旧法の2つの項の分を書き込んだと思われる。生活環境は、かっこのなかに入り、しかも、かっこが3つめなので、目立たなくなった。

このように、環境基本法2条3項は、生活環境を積極的に定義していない。生活環境の定義と関連することが書いてあるのは、条文の終わりに近いところの生活環境の直後の「人の生活に密接な関係のある財産並びに人の生活に密接な関係のある動植物及びその生育環境を含む」である。ここをめぐって議論がされてきた。

2　生活環境の外延

環境基本法2条3項の最後のかっこのところは、生活環境が次の3つの部分を含むことを示している。

①　人の生活に密接な関係のある財産

②　人の生活に密接な関係のある動植物

③　人の生活に密接な関係のある動植物の生育環境

生活環境はこの①から③を「含む」というのであるから、①から③は、生活環境の定義の外延に位置しつつ、生活環境の定義に含ま

れる。外延は、外側と接し、最も中心から遠いところであろう。上記引用の条文の文章では、生活環境の外延が明確になっているとはいえないし、もちろん生活環境そのものも明らかにされていない。

北村喜宣は、この2条3項に関し、「外延を明確に規定しないのは、法的定義としては、適切ではないように思われますが、逆にみるならば、社会の価値観の変化や新たな問題現象の登場の可能性をふまえて、あえてオープンにしてあると考えることもできるでしょう。以前はそうではなかったかもしれませんが、現在では、例えば、歴史的・文化的遺産や都市・農村景観、日照といったものも、生活環境に含まれると考えられています」と指摘する*5。確かに、時代の変遷に伴って生活環境の内容も変化をするということはありうることであると思う。そのことを外延を明確にしないことにより対応するということもできると思うが、外延の書き方は、本来は生活環境の概念を明確に規定するようにすべきであったと思う。

3　人の生活との密接性

環境基本法2条3項の公害の定義規定の上記①ないし③は、人の生活との密接性を要求している。生活環境の外延において密接性を要件とするのであるから、その内側である、いわば本体においても密接性が要件になる。それだけ、生活環境の範囲は狭まることになる。

この点について、北村喜宣は、「『密接な関係』という概念は時代によって変化する相対的なものであろう」「『密接』という文言は、誤解を生みやすい。公害対策基本法から環境基本法に変わったときに削除されてよかったように思われる」という*6。

また、大塚直は、環境損害の観点から、この密接の点に関し、「生活環境被害といっても、それ以外の環境損害とはほとんどの場合重なっている。また、生活環境とは『人の生活に密接な関係のある財産並びに人の生活に密接な関係のある動植物及びその生育環境を含む。』（環境基2条3項）とされているが、この『密接』という点は拡張されうるし、現に拡張されつつある」とする[*7][*8]。

II　生活環境の範囲の拡大

1　動植物の生息と生育を保護するための化学物質規制立法

⑴　特定化学物質の環境への排出量の把握等及び管理の改善の促進に関する法律（PRTR法）の制定

PRTR法（1999年・平成11年）2条4項は、「前2項の政令は、……化学物質による環境の汚染により生ずる人の健康に係る被害並びに動植物の生息及び生育への支障が未然に防止されることとなるよう十分配慮して定めるものとする」と規定する。

ここでは、化学物質による環境汚染により、動植物の生息および生育への支障の未然防止をあげている。この規定においては、動植物の生息および生育について、環境基本法2条3項のような「人の生活に密接な関係のある」という限定をしていない。大塚直は、PRTR法2条4項は、「生態影響についても配慮する法律として、公害法とは異なる面をもっているといえよう」と指摘する[*9]。

⑵　化学物質の審査及び製造等の規制に関する法律（化審法）の2003年（平成15年）改正

化審法（1973年・昭和48年）の2003年（平成15年）改正法は、審査項目に動植物の生息と生育の保護を加えた。これは、OECDが2002年（平成14年）に、生態系保全を含むよう規制の範囲を拡大すべき

であると勧告したことが契機になっている。

化審法1条は、「……難分解性の性状を有し、かつ、人の健康を損なうおそれ又は動植物の生息若しくは生育に支障を及ぼすおそれがある化学物質による環境の汚染を防止するため……」となった。傍点のところが改正で加入された部分である。

2003年（平成15年）改正法は、化学物質のうち、「……動植物の生息又は生育に支障を及ぼすおそれがあるもの……」（同法2条6項1号）を第3種監視化学物質として規制の対象としている。つまり、生態系に対する毒性のある化学物質は、その他の要件を満たせば、第3種監視化学物質として経済産業大臣および環境大臣が指定する（同法2条6項柱書き）。その製造者などは、毎年度、前年度の製造数量などを経済産業大臣に届け出る義務がある（同法25条の2第1項）。動植物の生息または生育は本来の生活環境の範囲を超えているといえよう。

生物多様性基本法（2008年・平成20年）の16条2項は、「国は、生態系に係る被害を及ぼすおそれがある化学物質について、製造等の規制その他の必要な措置を講ずるものとする」と規定する。同法は実施法である化審法に対応している。

2　水生生物を保全するための環境基準・規制基準

環境基本法16条1項は、環境基準を、「人の健康を保護し、及び生活環境を保全する上で、維持されることが望ましい基準」と規定している。

環境省は、2003年（平成15年）11月5日、環境庁告示「水質汚濁に係る環境基準について」（昭和46年12月環境庁告示59号）を改正する環境省告示123号を発出し、新たに「水生生物の生息状況の適応性」という項目を水の環境基準に加え、イワナ、サケマス、コイ、フナ

遡上するサケ（北海道・石狩）

などのいる、河川、湖沼、海域について、全亜鉛の環境基準を設定した。例えば、類型が生物A、水生生物の生息状況の適応性「イワナ、サケマス等比較的低温域を好む水生生物及びこれらの餌生物が生息する水域」では、全亜鉛の基準値は、1リットルにつき0.03ミリグラム以下とされた*10。

水生生物を保護するための環境基準は、環境基本法2条3項が前提としている生活環境の範囲を超えている。

大塚直は、生活環境の保全に関する環境基準に、全亜鉛が追加されたことについて、「生活環境」概念に「①生態系保全を含ませる、②生物の保全を含ませる、③有用生物の保全を含ませる、という3つの選択肢が考えられたが、『生活環境』概念を実質的には②にまで広げることとしたものである。将来的には、生態系全体を考慮する方向に進むべきであろう」と指摘する*11。

さらに環境省は、2006年（平成18年）11月10日、排水基準を定める省令（1971年・昭和46年6月21日総理府令35号）を改正する環境省令33号を公布し、同年12月11日から施行した。そこでは水生生物を保全する観点から、規制の基準を、全亜鉛について、1リットルにつき5ミリグラムから1リットルにつき2ミリグラムに強化した*12。この改正も、水生生物を保全する観点から行われた。排水基準を定める省令は水質汚濁防止法3条1項に基づいて定められており、同条は、基本法である環境基本法21条1項1号に基づいている。

こうしてみると、法律や環境基準などの分野において生活環境の保護対象として、人間のほか、生物や生物多様性など幅広いものが含まれるようになってきているといえる。

3　都市景観を生活環境として法律上保護に値すると解した裁判例

生活環境に関する最近の最高裁の裁判例としては、国立景観訴訟が重要であるが、その前の近接した時期に出された小田急線訴訟において、取消訴訟の原告適格の有無について判断をした大法廷判決（平成17年12月7日）*13を、対比の意味を含め、はじめに見ることにする。

小田急線訴訟のこの事案は、建設大臣が東京都に小田急線の連続立体交差化を内容とする都市計画事業の認可をしたのに対し、周辺住民が、高架化する線路を電車が走行する際の騒音と振動などを理由に高架事業の認可処分の取消しを求めたというものである。

本案の審理に入る前に原告適格の存否が問題となり、この論点について大法廷に回付された。主な争点は、都市計画事業の事業地の周辺住民も事業認可の取消訴訟を提起する原告適格を有するか否か、である。改正行政事件訴訟法の施行は2005年（平成17年）4月1日であるから、最高裁の判決は、施行後である。関連する部分を引用する。

> 「以上のような都市計画事業の認可に関する都市計画法の規定の趣旨及び目的、これらの規定が都市計画事業の認可の制度を通して保護しようとしている利益の内容及び性質等を考慮すれば、同法は、これらの規定を通じて、都市の健全な発展と秩序ある整備を図るなどの公益的見地から都市計画施設の整備に関する事業を規制するとともに、騒音、振動等によって健康又は生活環境に係る著しい被害を直接的に受けるおそれのある個々の住民に対して、そのような被

害を受けないという利益を個々人の個別的利益としても保護すべきものとする趣旨を含むと解するのが相当である。したがって、都市計画事業の事業地の周辺に居住する住民のうち当該事業が実施されることにより騒音、振動等による健康又は生活環境に係る著しい被害を直接的に受けるおそれのある者は、当該事業の認可の取消しを求めるにつき法律上の利益を有する者として、その取消訴訟における原告適格を有するものといわなければならない」

この小田急線訴訟において電車の騒音と振動という、旧公害対策基本法（1967年・昭和42年）以来の典型公害といわれるものが生活環境の侵害として問題となり、都市計画事業の認可の制度を通して個々の住民が著しい被害を直接受けないという利益が個々人の個別的利益として保護すべきものとする趣旨を含むと解されるか否かが争われ、判決はこれを肯定して、該当する住民に原告適格のあることを認めた。

国立景観訴訟における最高裁判決（平成18年3月30日）は、生活環境の概念と私人の個別的利益について判示している*14。論点に関する部分は以下のとおりである。

「JR中央線国立駅南口のロータリーから南に向けて幅員の広い公道（都道146号線）が直線状に延びていて、そのうち江戸街道までの延長約1.2kmの道路は、『大学通り』と称され、そのほぼ中央付近の両側に一橋大学の敷地が接している。大学通りは、歩道を含めると幅員が約44mあり、道路の中心から左右両端に向かってそれぞれ約7.3mの車道、約1.7mの自転車レーン、約9mの緑地及び約3.6mの歩道が配置され、緑地部分には171本の桜、117本のいちょう等が植樹され、これらの木々が連なる並木道になっている」
「都市の景観は、良好な風景として、人々の歴史的又は文化的環境を形作り、豊かな生活環境を構成する場合には、客観的価値を有す

るものというべきである」

ここでは、都市の景観は一定の場合に生活環境を構成することを前提としている。

「良好な景観に近接する地域内に居住し、その恵沢を日常的に享受している者は、良好な景観が有する客観的な価値の侵害に対して密接な利害関係を有するものというべきであり、これらの者が有する良好な景観の恵沢を享受する利益（以下『景観利益』という。）は、法律上保護に値するものと解するのが相当である。

もっとも、この景観利益の内容は、景観の性質、態様などによって異なり得るものであるし、社会の変化に伴って変化する可能性のあるものでもあるところ、現時点においては、私法上の権利といい得るような明確な実体を有するものとは認められず、景観利益を超えて『景観権』という権利性を有するものと認めることはできない」

「大学通り周辺の景観は、良好な風景として、人々の歴史的又は文化的環境を形作り、豊かな生活環境を構成するものであって、少なくともこの景観に近接する地域内の居住者は、上記景観の恵沢を日常的に享受しており、上記景観について景観利益を有するものというべきである」

最高裁は、大学通りの周辺の景観は、豊かな生活環境を構成し、景観に近接する住民はその恵沢を享受する利益があるという。すなわち、景観という個人の利益を超えるものについて、生活環境として法律上保護に値すると判示した。ただし、この事件において最高裁は、原告らの請求を一部認容した東京地裁判決を破棄し、請求をすべて棄却した東京高裁判決の結論を維持した。

大塚直は、国立景観訴訟事件と小田急訴訟事件と対比し、「小田急訴訟事件は健康ないし生活環境に関するものであるのに対し、本件は生活環境を超えるとも考えられ得るものである点で、一歩進んでいる」と指摘する*15。

III 生活環境から環境一般へ

1 生活環境における保護対象を広げようとする学説

立法や判決の動向は、生活環境の範囲を広げる方向に向かっており、この方向は支持できる。

大塚直は、公害被害の保護対象の観点から、「今日、公害についても、保護対象を生活環境（注25）から環境一般へと広げる必要性は、わが国においても相当程度高いと見られるが、――当面、保護の範囲を現実的に拡大しようとするのであれば――、まずは、水の分野で環境（公共用水域）自体の保護を環境個別法の目的に入れ、その上で、環境損害の責任に関する法律を制定することが望まれる」とし、さらに、生活環境の概念について上記引用文中の「（注25）」において、「生活環境概念は、私人の個別利益への侵害のみを問題とする1970年代の伝統的発想を前提としたものといえよう」とする*16。また大塚は、「環境法が人の健康や人の外延としての『生活環境』のみでなく、例えば化学物質の生態系への影響をも対象としようとすると（欧米ではすでにそうなっている）、『生活環境』の観念の拡大が必要となってくる。わが国の現在の環境法の重要な課題の1つである」という*17。

2 一般にされている環境の定義

それでは、生活環境をどのように定義すればよいのか。その前に、環境（一般）についてわが国の環境法は定義規定を設けていないから、まず、環境の定義というものがどのようなものであるべきであるか

について考えてみたい。

法学の世界の前に、一般の社会における環境と生活環境の定義を、『広辞苑〔第6版〕』を例としてみると、環境は「四囲の外界。周囲の事物。特に、人間または生物をとりまき、それと相互作用を及ぼし合うものとして見た外界。自然的環境と社会的環境がある」[*18]、生活環境は「人間の日常生活に影響する、自然・人事などを含む周囲の状況」[*19]としている。広辞苑によると、一般社会における環境の定義においては、①外界であること、②人間または生物をとりまくもの、③人間または生物と相互作用を及ぼし合うもの、という3つの要素がある。

環境法学の分野における環境の定義としては、例えば、大塚直は、環境の定義に関し、「ここでは、『人間や生物を取り巻く周囲の状態や世界』のうち、『人の活動に伴う汚染や悪化により人の健康・生活や生態系に支障を及ぼすおそれがあるもの』としておこう」[*20]とする。

環境経済学の分野では、植田和弘が、「『環境』とは『人間をとりまき、それと相互作用を及ぼし合うところの外界』であり、人類の生存・生活の条件を形成している」と定義する[*21]。

大塚と植田の環境の定義は、上記広辞苑の定義と対比してみると本質的なところで共通しているといえよう。

3　環境の定義の構成要素

(1)　人間と生物・生態系を取り巻く自然的構成要素

環境は、人間や生物・生態系を取り巻くものである。取り巻くという言葉は、環境の自然的構成要素という言葉とともに生物多様性基本法前文第1項にある。以下その一部を引用する。

「……今日、地球上には、多様な生物が存在するとともに、これを取り巻く大気、水、土壌等の環境の自然的構成要素との相互作用によって多様な生態系が形成されている」

上記の引用部分にでてくる自然的構成要素については、環境の保全に関する基本的施策策定などに関する指針を定める環境基本法14条の1号が、以下のように規定している。

「人の健康が保護され、及び生活環境が保全され、並びに自然環境が適正に保全されるよう、大気、水、土壌その他の環境の自然的構成要素が良好な状態に保持されること」

環境の自然的構成要素がここに書かれているような良好な状態であれば環境の問題は生じない。だから逆説的のような感じがするが、環境法として取り上げる環境は、その汚染が人間や生物・生態系に悪影響を及ぼすおそれのあるものという修飾語がついてまわる。環境の定義には、環境を汚染するもののことが入ってくる。環境を汚染するものについては、①媒体の存在、②環境の復元力、そして③汚染源という3つの問題がある。

① 媒体の存在

ある住宅地域が通過する車両の多い幹線道路に面しているとき、大気中の二酸化窒素や浮遊粒子状物質が高濃度になると、その付近の住民は、このような物質を含んだ大気を吸うことにより、二酸化窒素などを体内にとり入れ、生活環境に支障が生じ、さらに健康被害が発生することがある。人間は、大気という媒体という間に入るものをとおして二酸化窒素を体内へ取り入れる。

汚染物質を直接体内に取り込む場合にも健康被害が発生することはある。この場合は、環境の問題にならない。環境は、人間等を取

り巻くものが悪化することを問題とする以上、人間等を取り巻くもの、すなわち、媒体が悪化することを問題にしているからである。

例えば、有害物質を含む食品を食べたり、有害物質を含む薬品を服用し、あるいは有害物質を含む化粧品を使用した結果、人間に被害が発生した場合に「食品公害」「薬品公害」などといわれることがあるが、環境法が直接扱う環境問題ではない*22。しかし、リスクという観点からとらえてみると、環境問題と類似する点がある。両者を共に研究することは有用である。関係する法律としては、食品安全基本法（2003年・平成15年）、食品衛生法（1947年・昭和22年）、農林物資の規格化等に関する法律（JAS法、1950年・昭和25年）、薬事法（1960年・昭和35年）（化粧品の規制を含む）などがある。

② 復元力の存在

媒体の汚染については、環境の復元力に留意する必要がある。環境は汚染物の排出が一定の範囲内であれば、復元力によって元の状態に戻ることができる。しかし、環境の復元力を超えた量が大気中に排出されると、もとのレベルに戻ることはなく、人間は、大気を吸い込むことにより汚染物質が体内に侵入し、健康被害をもたらす。復元力を超えるという意味は、環境が汚染を無限に受け入れるものではなく、復元力には限界があるから、それを超えると汚染がどんどんすすんでしまうということである。環境基本法3条に「限りある環境」とあるのはこの復元力の限界のことを指していると理解できる。

この復元力の限界である一定限度の汚染について、経済学においては、閾値（いきち）という言葉を用いる例がある。諸富徹は「自然界には閾値があることが知られている。つまり、自然はある程度までは汚染物質の排出を同化吸収する能力がある。しかし汚染物質が除々に蓄積していき、一定限度（=閾値）を超えると、突然自然は大きな変化を引き起こす。しかも、自然は一旦不可逆な損失を蒙ると、それを再生することはほぼ不可能である」としている[*23]。

③　汚染の原因としての人間の活動の存在

人間と生物・生態系を取り巻くものを汚染する原因はいろいろなものが考えられるが、環境基本法は、人間の活動を原因とするものとしている。例えば、2条における3つの定義、すなわち、環境への負荷（1項）、地球環境保全（2項）、公害（3項）のいずれにおいても、人の活動によること（1項・2項）、あるいは人の活動に伴って生ずること（3項）を要件とし、環境の保全についての基本理念の1番目を定める3条において、「……環境が、人間の活動による環境への負荷によって損なわれるおそれが生じてきている……」という認識を示している。

したがって、人間の活動によらない火山活動により発生した有毒ガスを原因として人間や生物・生態系に被害が発生したとしても環境法学における環境問題とはいえない。ただし、大気や水などの分野においては、原因が競合することもあるだろう。他の原因が競合していたとしても、人間の活動が原因となっていれば、環境法の対象となる。

以上によれば、人間等を取り巻くものとしての環境は、以下のような性格をもつことになろう。

i　人間や生物・生態系に被害が生じ、あるいは生じそうなときは、媒体の悪化を通して行われること

ii　環境は、一定範囲内の汚染においては復元力が働き、もとの姿に戻ることができるが、それを超えると汚染が進むこと

iii　媒体を悪化させるものは人間の活動に限られること

⑵ 自然的構成要素に取り巻かれる人間と生物・生態系

環境の定義で取り巻かれるものは、ただ人間のみを想定しているのか、それとも人間を除いた意味における生物・生態系を含むものとして想定しているのか。

旧公害対策基本法は、日本が1967年（昭和42年）にはじめて制定した環境に関する基本法であるが、公害の定義規定である2条2項は、これまで述べてきたとおり、「この法律にいう『生活環境』には、……人の生活に密接な関係のある動植物及びその生育環境を含むものとする」と規定していた。同法のもとにおいては、生物とその生育環境は「人の生活に密接な関係のある」限られた範囲において生活環境の概念に含まれていた。同法2条2項の内容は、前記のとおり、環境基本法（1993年・平成5年）2条3項（公害の定義規定）に引き継がれている。

1993年（平成5年）に制定された環境基本法の1条は、その末尾が、「現在及び将来の国民の健康で文化的な生活の確保に寄与するとともに人類の福祉に貢献することを目的とする」とあるから、基本的には人間の保護を中心に考えているようにみえる。

しかし、環境の保全の理念を定めている規定の1つである3条は、環境が人類存続の基盤であること、生態系は微妙な均衡を保つことによって成り立っていることなどを指摘している。さらに同法14条2号は、環境の保全に関する基本的施策の策定等に係る指針として、「生態系の多様性の確保、野生生物の種の保存その他の生物の多様性の確保が図られるとともに、森林、農地、水辺地等における多様な自然環境が地域の自然的社会的条件に応じて体系的に保全されること」と規定し、生物の多様性の確保等を独立の指針として位置づけている。環境基本法の下位の基本法として制定された生物多様性基本法（2008年・平成20年）の目的を定める同法1条の末尾は、「もって豊かな生物の多様性を保全し、その恵沢を将来にわたって享受できる自然と共生する社会の実現を図り、あわせて地球環境の保全に寄与することを目的とする」となっている。

環境基本法は、人間とともに生物・生態系を守るための法律であるといえよう。

4　環境の定義の試み

以上を踏まえると、もちろん確定的なものではないが、環境一般の定義の1つとして、次のような案が考えられるのではないか。

> 「大気、水、土壌など広く人間や生物・生態系の周囲に存在し、人間の活動に伴って排出される物質等によりその状態が悪化し、その復元力を超えると、人間の健康・生活と、生物・生態系の一方または両方に被害を与えるもの」

ここで「人間の活動に伴って排出される」という点については、そのように定めている現行法に不都合はないと考えている。

取り巻かれて保護されるものとしては、人間と生物・生態系をあげた。生物・生態系については、生物多様性基本法など近時の立法や社会一般の意識としては、中心にあるのは人間だけであるという考えはとられなくなり、生物・生態系も人間と同様に保護すべきものであるという考え方が多くなってきてい

火力発電所（こうしたところからも排出される）

るといえるだろう。媒体の存在も認めてよいであろう。

それでは、環境一般をこのような概念とした場合に、そのほかに生活環境という概念が必要であるだろうか。

現在の環境基本法２条３項は「人の生活に密接な関係」という要件を定めているため、生活環境に対する限定が厳しく、あるいは限定のしかたが明確ではないという問題がある。それでは、例えば、人間の周囲という要件に広めたとする。そのような限定は環境一般と区別することができるだろうか。

現在のところ、私は、環境一般と生活環境とを並立させている現行の法制には疑問をもっている。両者を並列させることの意味、有用性があるかについては、これから個別に検討したい。

いずれにしても、生活環境概念を環境一般の概念とは別に規定する必要性は薄くなってきている。今後、生活環境にかかわる立法をするときは、生活環境の概念の意味の確認をし、生活環境という概念の必要性を検証する必要があろう。

環境法学は、他の法学の分野や、法学以外の経済学をはじめとする社会科学の分野、さらに自然科学の分野に続く学際的な学問の輪の一部を担っている。生活環境のように基本的な用語については、実務的な面はもとより、学際的な面からも概念の明確化を図る必要がある。しかし、生活環境については実定法に多くみられるにもかかわらず、その用語を使うことに効用があるのかないのかについて明確とはいえないだろう。本章が生活環境と環境の意義を考えるきっかけになれば幸いである。

*1　このような問題意識は、経済との関係から環境をみていくという点において、本書第5章「基本法を創るもの 基本法が創るもの」と共通し、これを発展させるつもりでいる。
*2　大塚直『環境法〔第2版〕』(有斐閣、2006年) 199頁は、公害対策基本法の改正において環境と経済との調和条項が削除されたときに第1のパラダイムの変更があったとみられると指摘する。私もそのように考えている。
*3　原田尚彦『環境法〔補正版〕』(弘文堂、1994年) 25頁、大塚・同上197頁。
*4　大塚・前掲注2　199頁は、「環境基本法においては、むしろ、大量生産、大量消費、大量廃棄型社会を見直し、経済のあり方そのものを積極的に環境保全が可能なものに変えていくことを目的としている(環境と経済の融合)」とされ、「ここで第2のパラダイムの変更があったといえよう」とされる。
*5　北村喜宣『プレップ環境法』(弘文堂、2006年) 4-5頁。
*6　北村喜宣『政策法学ライブラリイ14 自治力の達人』(慈学社出版、2008年) 90頁。
*7　大塚直「環境修復の責任・費用負担について—環境損害論への道程」法学教室329号 (2008年) 103頁。
*8　大塚・前掲注7　94-95頁で大塚は、上記引用文中の「環境損害」は、環境影響起因の損害のうち、人格的利益や財産的利益に関する損害以外のものを指している、という。
*9　大塚・前掲注2　356頁。
*10　改正後の水質汚濁に係る環境基準の別表2イ。
*11　大塚・前掲注2　274頁。
*12　排水基準を定める省令1条、別表2。
*13　民集59巻10号2645頁、判例時報1920号13頁。
*14　民集60巻3号948頁、判例時報1931号3頁。これに関しては、本書II巻第6章「国立マンション訴訟」で詳しく述べている。
*15　大塚直「国立景観訴訟最高裁判決の意義と課題」ジュリスト1323号 (2006年) 75頁の注8。
*16　大塚・前掲注7　103頁。
*17　大塚・前掲注2　28頁。
*18　新村出編『広辞苑〔第6版〕』(岩波書店、2008年) 624頁。
*19　同上1535頁。
*20　大塚直「環境法を学ぶにあたって—環境法学の特色と課題」法学教室283号 (2004年) 66頁。
*21　植田和弘『環境経済学』(岩波書店、1996年) 4頁。
*22　大塚・前掲注2　26頁。
*23　諸富徹『環境』(岩波書店、2003年) 25頁。

第７章

環境の保全
——基本理念における環境と経済

本章の目的は、環境基本法３条と４条に書き込まれている環境と経済の関係についての考えを深めることにある。

環境法の法制度は階層になっている。最上位に環境基本法（1993年・平成５年）、次に一定分野の環境に関する基本法、その下に実施法（個別法）がある。この法制度を貫く基本的な理念は、環境基本法の規定する「環境の保全についての基本理念」（同法３条〜５条。６条も参照、以下「基本理念」ともいう）である。本章においては、この環境基本法３条、４条、５条が示す３つの基本理念のうち、主に国内を念頭においている３条の理念（以下「基本理念(1)」という）と４条の理念（以下「基本理念(2)」という）にみることができる環境基本法の環境と経済の関係に対する姿勢について考えてみたい。

I　環境の保全についての基本理念

1　基本理念に至る経緯

わが国は、1967年（昭和42年）、公害対策の分野におけるはじめての基本法である旧公害対策基本法を制定した。その結果、公害関係のほとんどすべての実施法（個別法）は、旧公害対策基本法の下に位置することになった。例えば大気汚染防止法（1968年・昭和43年、以下「大防法」という）や水質汚濁防止法（1970年・昭和45年、以下「水濁法」という）などである。公害関係の法律であっても、旧公害対策基本法の下に入らなかった分野がある。それは、放射性物質による大気汚染および水質汚濁の防止のための措置に関する一連の法律である。例えば、核原料物質、核燃料物質及び原子炉の規制に関する法律（1957年・昭和32年）がこれにあたる。この分野は、原子力基本法（1955年・昭和30年）その他の関係法律で定めることになっている（旧公害対策基本法8条。これを現在では削除された環境基本法13条が引き継いだ）。

旧公害対策基本法は、公害防止や環境保全についての基本理念に関する規定をもっていなかった。

旧公害対策基本法の制定から5年後の1972年（昭和47年）、わが国は、自然環境の分野におけるはじめての基本法としての性格をもつ自然環境保全法を制定した。この法律は、基本法という名称を付していないが、冒頭部分において、基本法としての性格をもつ規定をおいた。とくに、第2条は、基本理念という見出しのもとに自然環境保全の基本理念を掲げた。これが、環境基本法制定まで続く。そして、実際に、環境基本法制定前の自然公園法（1957年・昭和32年）は、2条の2において、国などの責務を規定する際、自然環境保全法2条の「自然環境の保全の基本理念にのっとり」という規定をおいている。その後、環境基本法制定時に、この自然環境の保全の理念にのっとるという部分は、環境基本法の基本理念にのっとるというように改正をしている。同様に、環境基本法制定にあたり、自然環境保全法2条を、環境基本法の基本理念にのっとるように改めた。

環境基本法は3つの分野をもっている。旧公害対策基本法の分野、自然環境保全法の基本法の分野、そして、環境と発展（開発）に関

するリオ宣言（1992年・平成4年）を踏まえた地球環境保全の分野である。環境基本法の制定にともない、旧公害対策基本法を廃止し、自然環境保全法のなかの基本法としての性格をもつ規定を環境基本法に移し、自然環境保全法の該当規定を削除した。

環境基本法は3条から5条までに環境の保全についての基本理念を定めているが、このような経緯があったのである。

2　基本理念と14条の施策策定の指針

環境基本法1条の目的規定は、この法律が環境の保全についての基本理念を定めることを第1に掲げ、3条から5条の3か条において基本理念を規定している。

同法1章の総則規定のなかの、国、地方公共団体、事業者および国民の責務規定は、それぞれ基本理念にのっとることを規定している。さらに、基本的施策などの指針を示す第2章第1節の14条は、「この章に定める環境の保全に関する施策の策定及び実施は、基本理念にのっとり、次に掲げる事項の確保を旨として、各種の施策相互の有機的な連携を図りつつ総合的かつ計画的に行わなければならない」として、1号から3号までをあげる。環境基本法第2章は、14条から40条の2まで、環境政策を網羅している。この14条により、第2章のすべての規定が基本理念にのっとらなければならないことになる。

14条は、基本理念にのっとるだけではなく、14条自身が確保すべき事項をあげている。それは以下のとおりである。

「1号　人の健康が保護され、及び生活環境が保全され、並びに自然環境が適正に保全されるよう、大気、水、土壌その他の環境の自然的構成要素が良好な状態に保持されること。

2号　生態系の多様性の確保、野生生物の種の保存その他の生物の多様性の確保が図られるとともに、森林、農地、水辺地等における多様な自然環境が地域の自然的社会的条件に応じて体系的に保全されること。

3号　人と自然との豊かな触れ合いが保たれること」

これら14条1号から3号の事項は、基本理念そのものではないが、環境政策にあたってこれらの事項を確保することを環境基本法自身が定めている。したがって、環境政策を企画し、実施に移すにあたっては、この3つの号の定めることを基本理念に準じた価値があるものとして尊重しなければならない。

この14条の1号から3号においては、経済との関係に触れていないことが1つの特徴である。そのため、14条は、より環境保全に純化しているということもできる。

3　下位の基本法の基本原則

近時、環境基本法の下に位置する基本法を制定する動きが続いている。最初は、循環型社会形成推進基本法（2000年・平成12年、以下「循環基本法」という）、次は、生物多様性基本法（2008年・平成20年）である（2010年3月12日に閣議決定をした地球温暖化対策基本法案は、国会で審議されたが、廃案となった）。

これらの法律、法案においては、いずれも1条に「環境基本法の基本理念にのっとり」という語句が入っている。条文上は「基本理念」となっているが、環境基本法3条ないし5条が規定する「環境の保全についての基本理念」のことである（環境基本法6条参照）。環境法の下位にある基本法（「下位の基本法」という）は、環境基本法の基本理念とはべつに「基本原則」という規定を設けている。循環基本法についていえば、3条から7条までの5か条を基本原則にあてている。

この循環基本法3条から7条までが定める基本原則は、幅広い内容をもっている。循環基本法は、その3条が、基本原則の第1として、「循環型社会の形成」という見出しのもとに、「環境への負荷の少ない健全な経済の発展を図りながら持続的に発展することができる社会の実現が推進されることを旨として」という文言をおいている。このうち、「環境への負荷の少ない健全な経済の発展を図りながら持続的に発展することができる社会」までのところの内容は、環境基本法4条の⑭と⑮のところ（207頁で後述する）と同一であり、その内容は理念的である。「健全な経済の発展を図（る）」という文脈において経済にふれている。

これに対し、循環基本法7条は、循環資源（その定義は2条3項）の利用に関する基本原則をとして、環境への負荷を低減するための優先順位を(1)再使用（その定義は2条5項）、(2)再生利用（同6項）、(3)熱回収（同7項）、(4)処分というように、具体的に定めている（7条1号～4号）。

2番目の環境法の下位の基本法として制定した生物多様性基本法は、基本原則を、3条に規定している。その1項には、「野生生物の種の保存等が図られるとともに、多様な自然環境が地域の自然的社会的条件に応じて保全されることを旨として行われなければならない」という部分がある。この部分は、環境基本法14条の2号に近い。同条2号は、「生態系の多様性の確保、野生生物の種の保存その他の生物の多様性の確保が図られるとともに、森林、農地、水辺地等における多様な自然環境が地域の自然的社会的条件に応じて体系的に保全されること」と規定している。環境基本法14条は、基本理念そのものではないが、基本理念を具体化し、わかりやすくする意味がある。生物多様性基本法3条1項は、環境基本法14条をとおして、環境基本法の基本理念の趣旨に従っているということができる。

生物多様性基本法は、目的規定（1条）の末尾において、「もって豊かな生物の多様性を保全し、その恵沢を将来にわたって享受できる自然と共生する社会の実現を図り、あわせて地球環境の保全に寄与することを目的とする」と規定している。目的規定の「自然と共生する社会の実現」という内容は、基本原則にもなりうる重要な提言である。この「自然と共生する社会の実現」という部分は、生物多様性基本法を制定する前に制定した自然再生推進法（2002年・平成14年）の基本理念を定める同法3条の1項が規定をしていた。

4　実施法の位置づけ

実施法（個別法）は、環境基本法の基本理念にのっとるほか、下位の基本法があるときは、その下位の基本法の基本原則にものっとる。今日の環境法制において、重要な位置を占める廃棄物の処理及び清掃に関する法律（1970年・昭和45年）は、下位の基本法である循環基本法の下に位置しているから、2重に「のっとる」ことになる。

これに対し、下位の基本法を制定していない分野においては、環境基本法の基本理念がストレートに実施法の内容を導く。このタイプの代表的な法律としては、前出の大防法、水濁法のほか、土壌汚染対策法（2002年・平成14年）、化学物質の審査及び製造等の規制に関する法律（1973年・昭和48年）などがある。

実施法のなかには、自ら基本理念を見出しとする条文をおいている法律がある。例えば、前出の自然再生推進法、景観法（2004年・平成16年）、エコツーリズム推進法（2007年・平成19年）である。このような法律は、制定過程や所管の官庁などにおいて特色があることが

多い。所管でみると、景観法は国土交通省の所管、自然再生推進法は農林水産省、国土交通省、環境省の所管、エコツーリズム推進法は、国土交通省と環境省の所管である。景観法は政府提案の法律であるが、あとの2つは、議員立法である。

いつまでも大切にしたい世界自然遺産
(屋久島 もののけの森 白谷雲水峡)

実施法の数が多くなると、また、その法律が取り扱う範囲も広がっている。議員立法もあり、法律を所管する省が環境省のほかに多くの省の共管になっていたり、環境にかかわる分野であっても環境省が所管していない法律もある。

実施法の種類や範囲が増えてくると、環境の問題のなかでほぼ完結するような法律は少なくなり、経済活動や産業活動とかかわりを深める法律も増えてくる。下位の基本法や実施法が「環境基本法の基本理念にのっとる」といっても、それがどのようなことを意味しているのかということを理解しにくい例が生じやすくなっている。

II 基本理念(1)における環境の類型

1 環境基本法3条の構造

環境基本法3条は、環境基本法が環境の保全について定める3つの基本理念の冒頭に位置する。3条の条文を適宜改行し、AとB、①から④の記号を付し、理解を容易にするために、かっこ内の補足をすると基本理念(1)は以下のようになる。

A　環境の保全は、

①　環境を健全で恵み豊かなものとして維持することが人間の健康で文化的な生活に欠くことのできないものであること（にかんがみ）及び

②　生態系が微妙な均衡を保つことによって成り立っており人類の存続の基盤である限りある環境が、人間の活動による環境への負荷によって損なわれるおそれが生じてきていること

にかんがみ、

③　現在及び将来の世代の人間が健全で恵み豊かな環境の恵沢を享受する（ように）とともに

④　人類の存続の基盤である（限りある）環境が将来にわたって維持されるように

B　適切に行われなければならない。

環境基本法3条は、「環境の恵沢の享受と継承等」という見出しのもとに、「A環境の保全は」にはじまり、「B適切に行われなければならない」におわる。その間にある①ないし④の語句は、どのような理念のもとに環境の保全を行うのかという内容を記載している。この文章はかなり長く、やや異質の語句が混在していて、その構造はわかりやすいとはいえず、重要な用語を見落とす危険もある。

この文章を読むと、途中の「かんがみ」とあるところの前後で趣旨が変わっている。「かんがみ」の前は、環境の役割と現状に対する立法者の認識を示し、「かんがみ」の後は、上記の認識を踏まえた環境の保全のための政策の方向性を示している。

まず、②の「環境への負荷」については、環境基本法2条1項に定義がある。そこでは、「人の活動により環境に加えられる影響であって、環境の保全上の支障の原因となるおそれのあるものをいう」と定義している。

①から④までのなかでは、①と③、②と④の語句、内容がよく対応している。この2つの対応を類型としてみると、3条における環

境の意味は、次の2つの内容にわけることができる。

①と③は、健全で恵み豊かな環境の恵沢を享受することにより国民が健康で文化的な生活を確保することができるようにするということを念頭におく環境である（以下「第1類型」（の環境）という）。

②と④は、人類の存続の基盤であり損なわれたときの復元力には限界のある環境が人間の活動により損なわれることなく維持されることが求められるという意味の環境である（以下「第2類型」（の環境）という）。

この①と③、②と④は、人類が健康を守ることができなければ滅亡するという意味では、関連するともいえるが、①と③の「健全で恵み豊かな」という形容詞のついた環境と、「人類存続の基盤である」と規定する環境とは、一応わけて考えた方がよいであろう。そこで、3条が示す環境を2つの類型にわけて考えることにする。

2　恵み豊かな環境――基本理念(1)における環境の第1類型

3条の基本理念における環境の第1類型は、健全で恵み豊かな環境の恵沢を享受することにより国民が健康で文化的な生活を確保することができるようにするということを念頭におく環境である。

3条の①と③は、かなり似た内容になっている。①は、環境に関する現状認識の部分であり、③はそのような認識をもとにして、環境の保全のやり方を示している。

ここに出てくる文言については環境基本法自体、その目的規定（1条）に、「現在及び将来の国民の健康で文化的な生活の確保に寄与する」と規定している。この内容は、自然環境保全法の制定当初の1条のなかにみることができる。

自然環境保全法制定からさらに2年さかのぼった1970年（昭和45年）、旧公害対策基本法からいわゆる生活環境の保全と経済の健全な発展との経済調和条項を削除するなどの改正をする際、同法１条の目的規定の冒頭に、「国民の健康で文化的な生活を確保するうえにおいて公害の防止がきわめて重要であることにかんがみ」という文章を加えた。これも、①と③の文脈と一致している。

さらに、制定当初の旧公害対策基本法は、目的規定の１条２項と環境基準を定める９条２項に経済調和条項をもっており、これが経済を優先する規定であると問題になり、公害国会においてこれらの規定を削除した。問題となった規定である「経済の健全な発展との調和が図られるようにするものとする」の対象は、「生活環境の保全については」と限定していた。「国民の健康の保護」（１条１項）については経済調和条項は対象とせず、制定当初から無条件で実現すべきものとしていた。国民の健康な生活を保護（確保）する点においては、制定当初の旧公害対策基本法以来一貫しているといえる。

3　人類の存続の基盤としての環境――基本理念⑴における環境の第２類型

３条の基本理念における環境の第２類型は、人類の存続の基盤であり損なわれたときの復元力には限界のある環境が人間の活動により損なわれることなく維持されることが求められるという意味の環境である。

３条の規定のなかの①と③の部分と比べると、②と④の部分は、かなり重い内容になっている。②と④のいずれにおいても、「人類の存続の基盤である環境」という語句がある。②においては環境の前に「限りある」と書いてある。これは重みのある語句である。これは、環境の復元力には限界があるという意味であり、重要であるので次の４において取り上げる。

ここで、環境は人類の存続の基盤であるということを述べている

ことは、環境を破壊するということは、人類が存続していくうえでの基盤を損なうことになるという趣旨である。環境を破壊すれば人類は存続できないのであるから、環境を破壊しないことが社会における最優先の課題ということになる。環境は、人類の存続の前提であるから、経済の発展、産業の振興は、この現在の環境が不可逆的に破壊されることのない範囲においてのみ行うことができるということになる。

3条の①と③、②と④のように環境に関して書きわける立法は、環境基本法の前年に制定した、絶滅のおそれのある野生動植物の種の保存に関する法律の1条の目的規定に存在する。同条の前半についてA)、B)を適宜入れ改行すると、以下のようになる。

> この法律は、
> A）野生動植物が、生態系の重要な構成要素であるだけでなく、
> B）自然環境の重要な一部として人類の豊かな生活に欠かすことのできないものであることにかんがみ

ここでB)には「豊かな生活に欠かすことのできないもの」とあり、3条の①と③に対応するといえる。これに対し、A）は、「野生動植物が、生態系の重要な構成要素である」と書かれているので、3条の②④に対応するといえる。ここで対応するというのは、完全に意味が一致するというわけではないが、環境の類型として2つのものを考えているように理解することができる点では環境基本法3条と一致する。

4　復元力を失わないこと

環境基本法3条の②における、環境に限りがあるということの意味は、よい環境をある程度までは汚染をしても、環境自身がもって

いる、復元力、回復力、自浄力、浄化力あるいは環境容量とよばれている性質によって、いずれ元のよい環境に復することができるが、汚染がその復元力などの限度を超えてしまうと、もはや、元のよい環境に戻ることはできず、汚染がいっそう進行していくということである。環境の復元力に限界があるということは、環境問題を論じるときの出発点にあたる。もし、環境の復元力が無限にあるとすれば、環境を汚染することを問題とすることに意味がなくなるからである。

環境基本法３条の②の部分は、環境のもつ復元力には限界があることを前提としつつ、現状認識として、人類の存続の基盤である環境は、人間の活動による環境への負荷によってそこなわれるおそれが生じているという指摘をしている。

環境がもつ復元力について、環境基本法制定前の審議会の答申は、「近年、人類の経済社会活動は、自然の持つ復元力を超えるような規模まで至り、現在及び将来の人類を含むすべての生物の生存基盤となる自然の生態系を脅かしつつある」*1、「人間を取り巻く環境は、自然の生態系の微妙な均衡の下に成り立つ有限のものである」*2 と指摘していた。この答申におけるの「復元力を超える」、「有限のもの」という語句は、環境基本法３条の「限りある」よりも理解しやすい。

先にふれた自然再生推進法の制定は、環境基本法制定ののち（2002年・平成14年）であるが、環境基本法が３条において「限りある」を使うのに対し、自然再生推進法の基本原則を定める同法３条３項において「自然の復元力」という用語を使っている。環境の性質を表すものとしては、「限りある」よりも「自然の復元力」のほうがわかりやすい。

III 基本理念(2)における環境と経済の関係の展開

1 環境基本法4条の構造

基本理念(2)を規定する環境基本法4条の条文を適宜改行し、AとB、⑪から⑯の記号を付すと以下のようになる。

A 環境の保全は、
⑪ 社会経済活動その他の活動による環境への負荷をできる限り低減することその他の環境の保全に関する行動が
⑫ すべての者の公平な役割分担の下に自主的かつ積極的に行われるようになることによって
⑬ 健全で恵み豊かな環境を維持しつつ、
⑭ 環境への負荷の少ない健全な経済の発展を図りながら
⑮ 持続的に発展することができる社会が構築されることを旨とし、及び
⑯ 科学的知見の充実の下に環境の保全上の支障が未然に防がれることを旨として、
B 行われなければならない。

環境基本法4条は、「環境への負荷の少ない持続的発展が可能な社会の構築等」という見出しのもとに、「環境の保全は」ではじまり、「行われなければならない」でおわる。

この4条の条文中には「かんがみ」という語句はない。したがって、事実の認識のような部分がなく、いきなり、あるべき姿に入っている。

この4条では、⑪に「社会経済活動」、⑭に「経済」、⑮に「社会」という用語があり、それぞれ重要な意味をもっている。経済という用語をもたない基本理念(1)（3条）とはかなり異なる。

環境基本法4条の上記⑭の「環境への負荷の少ない健全な経済の

発展を図りながら」の部分は、4条のなかでもとくに大切であるだけでなく、基本理念の全体を考えるうえにおいても重要である。とりわけ、「環境への負荷の少ない健全な経済の発展を図」るという部分は、環境と経済との基本的な関係にふれている。

1970年（昭和45年）の公害国会において削除した旧公害対策基本法1条2項のいわゆる調和条項といかなる関係にあるのかということを明らかにする必要がある。調和条項とは、「生活環境の保全については、経済の健全な発展との調和が図られるようにするものとする」というものである。公害国会でこの条項を削除した理由は、この調和条項が、その「調和」という文言にもかかわらず、国や地方公共団体などが政策を策定するときに、経済を環境よりも優先する根拠になる可能性があるからである。この調和条項に対し、環境基本法4条⑭は、「環境への負荷の少ない健全な経済の発展を図りながら」と経済の発展という部分がある。この経済の発展という部分は、上記の調和条項とどのような関係にあるのであろうか。

2　環境と経済の「統合」

立法担当者は、環境基本法4条について、「本条は、環境と経済とを対立したものととらえず、両者の統合を意図したものであ」ると説明している*3。大塚直は、「経済のあり方そのものを積極的に環境保全が可能なものに変えていくことを目的としている（環境と経済の統合）。経済社会は環境保全が可能な範囲で持続的発展を行うべきであるという考え方である」*4、さらに、「経済調和条項は、『環境か、経済か』という二者択一の議論の中で、環境保全を経済発展の枠内で行うという考え方を示したものである」「これに対して、環境基本法における『持続可能な発展』は、人類の存続自体が環境を基盤にしており、その環境が損なわれているという認識の下に、

社会経済活動全体を環境適合的にしていかなければならないという考え方であり、そこでは、環境と経済を対立したものと捉えるのでなく、あくまでも環境を基盤としつつ、経済を環境に適合させる形で両者を統合することが考えられている」[*5]と説明している。

以上のとおり、4条の⑭のところは、立法担当者と大塚ともに「経済と環境を統合する」趣旨であるとしている。

4条の⑭の「環境への負荷の少ない健全な経済の発展を図りながら」には、環境と経済の双方の側にとって重要な点である、環境への負荷が少ないことをめざすことと、健全な経済の発展ということをめざすことの両方を盛り込んでいる。

さらに立法担当者は、「健全な経済の発展」について「資源、エネルギー等の面において効率化を進め、物の再使用や再利用を組み込み、また浪費的な使い捨ての生活慣習を改めるなど大量生産、大量消費、大量廃棄型の経済社会の在り方を見直し、環境への負荷の少なくなるような内容の変化を伴った経済の発展を意味する」と解説している[*6]。

3　経済発展と経済成長

環境基本法4条と下位の基本法である循環基本法3条には「経済の発展」という用語が使われている。経済学においては、この経済発展をどのように説明しているであろうか。例えば、一般的な経済辞典は、「一般には、経済の量的拡大のみならず、産業構造、労働市場などの質的変化を伴う過程をさす」[*7]と説明している。また、ある入門書は、「経済発展は、人口1人当たり実質国内総生産を指標として表すのが普通である。『豊かさ』の指標としても使われる」という[*8]。経済を発展させるためには、生産活動を拡大することが必要であるといえよう。

経済の発展が健全であるといえるためには、さまざまな要件が考えられる。この経済発展の健全性の要件を環境基本法のなかにみるならば、環境を損なうことがないということが該当するであろう。4条⑭の「環境への負荷の少ない」という言辞は、自然に導かれるであろう。

経済発展と似ている用語に経済成長がある。この用語については、地球温暖化対策基本法案のなかにあるので、経済発展とあわせてここで考えておきたい（政府が2010年・平成22年に国会に提出した地球温暖化対策基本法案は、前記のとおり廃案となった）。

その1条は、同法が環境基本法の基本理念にのっとることを明示しているから、環境基本法の下位に位置することを予定している。しかし、条文を読んでみると、目的規定（1条）において「経済の成長を図」る、基本原則の規定（3条1項）において「産業の国際競争力が確保された経済の持続的な成長を実現しつつ」という語句がある。この2か所の「経済の（持続的な）成長」は、わが国のことを念頭においているのであって、途上国にかかわるものではない。「経済の（持続的な）成長」は、環境基本法4条の「経済の発展」の理解にのっとっているといえるであろうか。

経済成長について前出の経済辞典は、「長期的時間の経過による経済全体の、とくに量的規模の拡大を総称する」という*9。物価変動を調整した後の実質国内総生産（GDP）の数値を基準年の数値で割ると、経済成長率を算出することができる。経済成長率が下がると、失業率が高まるなどの現象が生じる*10。

以上によれば、経済成長は、経済の量的拡大に対して用い、経済発展は、産業構造、労働市場などの経済の質的変化を伴う。植田和弘は、ブルントラント報告書（1987年・昭和62年）の内容を踏まえ、この質的変化に関し、「健康や栄養状態の改善、教育の達成度、基

本的自由の増大、より公正な所得分配、等々も経済発展の成果を測る尺度として同等に重視する必要があることを示唆している。まさに、経済成長から社会発展である」*11 としている。植田は、この引用部分の前のところにおいて、ブルントラントの持続可能な発展の本質のディメンジョンとして4つのものを示しているが、そのなかに「すべての意思決定における経済と環境の統合」という内容を含んでいる*12。これも解説と大塚直のいう「経済と環境の統合」の1つの形であろう。

4 環境の2類型からの考察

環境基本法3条は、上記のとおり、環境の事実認識を記載する部分として①と②があり、それぞれ、環境の保全の方法である③と④に対応している。

4条の⑬の「健全で恵み豊かな環境を維持しつつ」における環境は、3条の①の「環境を健全で恵み豊かなものとして維持する」における環境の内容とほとんど一致している。したがって、4条の⑬の環境は、3条の①と③の文脈でとらえることになる。そうすると、4条の⑭の「環境への負荷の少ない健全な経済の発展を図りながら」における環境は、3条の②に対応していることになろう。

3条の②の「生態系が微妙な均衡を保つことによって成り立っており人類の存続の基盤である限りある環境が、人間の活動による環境への負荷によって損なわれるおそれが生じてきていること」という箇所は、環境に対して人類の存続の基盤というきわめて重い形容をしている。ここでは、人間の活動による環境への負荷により環境が損なわれるという重大な事態になるおそれが生じてきているということを指摘している。

4条の⑭の冒頭の「環境への負荷の少ない」というところは、3

条の②の「人間の活動による環境への負荷」に対応している。3条の②においては、環境への負荷を与えるものは「人間の活動」としていたが、4条の⑭においては「環境への負荷の少ない健全な経済の発展を図りながら」と、人間の活動のなかでも経済の発展を図ることをとりあげている。人間の活動のなかで経済活動が過去、現在、将来において、もっとも環境への負荷を与える要因であることに基づいているといえよう。

4条の⑭の「環境への負荷の少ない健全な経済の発展を図りながら」という文脈において、法は、人間の活動のなかにおける経済活動が環境に与える影響の大きさをふまえて、環境への負荷の少ない経済活動をすることを命じている。4条の⑭は、「環境への負荷の少ない健全な経済の発展」というように「少ない」と言い切っている。4条の⑪にある「環境への負荷をできる限り低減する」の「できる限り」のような修飾をしていない。

3条の②は、今日の環境の位置づけとその現状について、環境を損なった場合の復元力には限界があり、環境は人類の存続の基盤であるという非常に厳しい認識を示すことにより、環境に対し、私たちが生きているこの世界のなかにおいてとくに高い価値を与え、その環境が人間の活動により損なわれるおそれが生じていると警告している。「健全な」経済活動とは、以上のようなものである環境が損なわれることに対する警告に反しないものであるということができる。このような環境というものの位置づけを考えるのであれば、経済のために環境を不可逆的に害することを認めるような、環境と経済の関係を法が認めているとは考えられない。

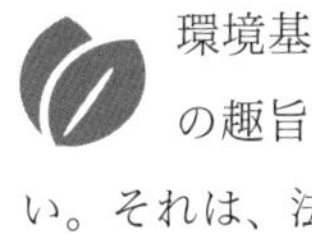

環境基本法は環境分野の法体系の頂点にある。立法者は法の趣旨を国民にとって明快に条文に記述しなければならない。それは、法の対象は国民であるからである。しかし、環境基本法が示す環境保全のありかたに関する3つの規定、とくに3条と4条は、必ずしも明確な文章であるとはいえない。3条について、私が本章において提示した、環境を2つの類型にわけて考えるということについても、別の考えもあるだろう。環境に関する教育（環境基本法25条）をより若年の者に広げていく場合、環境法の基本になるところにおいて、環境と経済の関係をどのように位置づけているのかという部分については、とくに大人であれば誰でも小学生や中学生に対してわかりやすく説明することができるような条文であることが必要であろう。ほかの法分野においても同様であるが、とくに環境については、私たちの後の世代にかかわることであるだけに、より広い世代が理解しやすい文章によって条文を作成するように願う。今後の立法に期待する。

＊1　中央公害対策審議会・自然環境保全審議会平成4年10月20日「環境基本法法制のあり方について（答申）」二（一）ア。

＊2　同上答申同（二）①の冒頭。

＊3　環境省総合環境政策局総務課編著『環境基本法の解説［改訂版］』（ぎょうせい、2002年）（以下「解説」という）149-150頁。

＊4　大塚直『環境法〔第3版〕』（有斐閣、2010年）235頁。

＊5　同上37頁。

＊6　環境省総合環境政策局総務課・前掲注3　148頁。

＊7　金森久雄・荒憲治郎・森口親司『経済辞典〔第4版〕』（有斐閣、2005年）302頁。

＊8　井原哲夫・牧厚志・桜本光・辻村和佑『経済学入門〔第2版〕』（日本評論社、2008年）13頁。

＊9　金森ほか・前掲注7　300頁。

＊10　井原ほか・前掲注8　120-121頁。

＊11　植田和弘『環境経済学』（岩波書店、1996年）14頁。

＊12　同上14頁。

第8章

アマミノクロウサギ訴訟
――開発者と反対者との対話

いわゆる自然の権利訴訟の原告代理人をされた山田隆夫弁護士は、環境問題に関する開発者と反対者との対話の欠落について次のように指摘している*1*2。

「従来、環境問題に関しては、余りにも対話が欠落していた。形式的に対話が為されても、実質的には、開発者がいかに少ないエネルギーで反対者を屈服させるかだけがテーマであったといっても過言ではない。人間活動が自然環境に与える影響や、環境問題が内包する社会構造的側面は、正面から議論されることはなく、近視眼的な功利主義（それも実質的には、特定の少数グループに属する人々の）に依拠した無原則な利益衡量論によって、無造作に意思決定が行われてきた。そして、この状況は、今日においても本質的には変わらない」

私にとってこのような問題意識は強まるばかりである。その原因は、主に2つある、その1つは、私が裁判官を退官してから20年近くが経過し、21年間にわたる裁判官や公害等調整委員会事務局審査官などの実務において経験をしてきたことをやや客観的に見ることができるようになったであろうという事情である。もう1つは2011年（平成23年）3月11日に発生した東京電力株式会社福島第一原子力発電所事故の放射性物質による環境破壊を体験しつづけている事情にあるように思う。

そこで、山田弁護士が担当された「自然の権利訴訟」の事案を踏まえて、開発者と反対者との対話について考えることにした*3*4。

I　アマミノクロウサギ訴訟に対する基礎的視点

1　事案の概要

鹿児島県鹿児島市に本社のあるA社は、鹿児島県大島郡（奄美大島）住用村（当時）に18ホールのゴルフ場の開発を計画し、鹿児島県知事に対し、森林法10条の2第1項本文に基づいて林地開発行為の許可申請をし、同知事は、同条2項に基づき、1992年（平成4年）3月31日づけで林地開発を許可した。同様に、鹿児島市に本社のあるB社は、大島郡龍郷町に同様のゴルフ場の開発計画をし、同知事から、1994年（平成6年）12月2日づけで許可処分を得た。

林地開発許可の根拠となる条文は、森林法10条の2である。同条は、見出しが「開発行為の許可」となっており、条文の内容は以下のとおりである。

「1項　地域森林計画の対象となっている民有林……において開発行為（土石又は樹根の採掘、開墾その他の土地の形質を変更する行為で、森林の土地の自然的条件、その行為の態様等を勘案して政令で定める規模をこえるものをいう。以下同じ。）をしようとする者は、農林水産省令で定める手続に従い、都道府県知事の許可を受けなければならない。[ただし書　略]

2項　都道府県知事は、前項の許可の申請があった場合において、次の各号のいずれにも該当しないと認めるときは、これを

許可しなければならない。

[1号、1号の2・2号　略]

3号　当該開発行為をする森林の現に有する環境の保全の機能からみて、当該開発行為により当該森林の周辺の地域における環境を著しく悪化させるおそれがあること。[3項〜6項　略]」

奄美大島の住民らは、1995年（平成7年）2月23日づけで、A社については許可処分無効確認（行政事件訴訟法3条4項）、B社については許可処分取消（同条2項）を鹿児島県知事に求める行政訴訟を提起した（以下「アマミノクロウサギ訴訟」という）。

原告らの主張は、住用村のゴルフ場開発予定地とその周辺には、特別天然記念物（文化財保護法109条1項、2項）のアマミノクロウサギなど南西諸島独特の貴重種が高い密度で生息しており、龍郷町ゴルフ場開発予定地とその周辺には、アマミヤマシギ（シギ科の鳥、国内希少野生動植物種に指定されている。絶滅のおそれのある野生動植物の種の保存に関する法律（種の保存法）4条3項、同法施行令1条1項、別表第1、表1（二）ちどり目しぎ科）など、貴重な動物相が見られるから、鹿児島県知事の林地開発許可は、文化財保護法107条の2第1項、種の保存法9条、34条など、森林法10条の2第2項3号にそれぞれ違反する違法なものである、というものである。その後、アマミノクロウサギは、2004年（平成16年）7月2日政令222号により、国内希少野生動植物種（前記別表第1、表2（三）うさぎ目うさぎ科）に指定された（同月15日施行）。アマミノクロウサギは、奄美大島と近くの徳之島にのみ生

アマミノクロウサギ

息している。

2　奄美の小史

生物多様性の保護とゴルフ場の開発というように、環境と経済が直接に対立している事件を理解しようとするにあたっては、その背景にある歴史を含む政治的・経済的・社会的状況を踏まえる必要がある。

日本敗戦の翌年である1946年（昭和21年）、アメリカは奄美群島を、沖縄とともに、沖縄のアメリカ軍政府の統治下におき、琉球と改称した。対日平和条約と日米安全保障条約は、1952年（昭和27年）4月28日に発効するが、沖縄と奄美群島は依然として、アメリカ軍の統治下のままであった。そして、平和条約の発効の翌年である1953年（昭和28年）12月24日、日本とアメリカとの間で奄美群島返還の合意が成立し、アメリカは、奄美群島を翌12月25日、日本に返還した。

日本は、奄美群島について、奄美群島振興開発特別措置法（以下「奄美特措法」という）を制定した。法律の公布は、返還翌年の1954年（昭和29年）6月21日である。当時の法律の名称は、奄美群島復興特別措置法であるから、「復興法」であった。同法は、1964年（昭和39年）に奄美群島振興特別措置法にかわり、「振興法」となった。さらに1974年（昭和47年）、現在の名称となっており、「振興開発法」である。この改正において、法律名に、「開発」が入った。現在の法律は、2014年（平成26年）3月31日までの時限立法になっている。奄美特措法の目的規定である1条は以下のとおりである。

> 「この法律は、奄美群島（鹿児島県奄美市及び大島郡の区域をいう。以下同じ）の特殊事情に鑑み、奄美群島振興開発基本方針に基づき総合

的な奄美群島振興開発計画を策定し、及びこれに基づく事業を推進する等特別の措置を講ずることにより、その基礎条件の改善並びに地理的及び自然的特性に即した奄美群島の振興開発を図り、もって奄美群島の自立的発展並びにその住民の生活の安定及び福祉の向上に資することを目的とする」

奄美の人々は、戦前、戦中、そして戦後の米軍の統治下、日本への復帰を経験している。そこには、どのような生活があったのであろうか。経済と環境は、どのような関係にあったのであろうか。奄美特措法の「奄美群島の特殊事情」という用語は、その全体を含んでいるのであろう。

奄美特措法2条1項は、国土交通大臣、総務大臣および農林水産大臣が奄美群島の振興開発を図るため、奄美群島振興開発基本方針を定めるものとし、基本方針に掲げる事項(同条2項)には、「自然環境の保全及び公害の防止に関する基本的な事項」(11号)も規定されている。しかし、前記のように、環境大臣は、基本方針を決める大臣として入っていない。鹿児島県も、振興開発計画を定めることになっており(同法3条1項)、この計画に掲げる事項として「自然環境の保全及び公害の防止に関する事項」(同項10号)が入っている。

アメリカが日本にその敗戦から遅れて返還した島々は、奄美群島に限らず、いずれも自然や生物多様性の豊かなところである*5*6。

3　日本経済の状況

鹿児島県知事が問題の林地開発の許可をしたのは、A社に対しては1992年(平成4年)、B社が1994年(平成6年)である。いわゆる日本のバブル経済は、東証平均株価が1989年(平成元年)12月29日に3万8,915円と史上最高になり、年明けには4万円を超えるという見方もあったが、暴落し、1990年(平成2年)10月1日には、株価が2万円を割り込む。土地は、1991年（平成3年）3月27日、大蔵省が土地高騰対策として金融機関に対し、不動産融資の総量規制を通達し、同年4月1日から実施した。それまでは、土地神話といわれるくらい、人びとの間で値上がりが確実視されていたにもかかわらず、株式の暴落に少しおくれて、土地の価格も、下落をはじめ、その結果、銀行などの金融機関に巨額の担保不足が発生した。国税庁が1993年（平成5年）8月18日に発表した相続税などを決めるための土地の評価である路線価は、前年比18.1%の下落となった。

土地価格の下落は、日本の中央部からはじまって、地方に及んだと思われるが、アマミノクロウサギ訴訟に関するゴルフ場開発は、このような全国的に経済の後退がはじまった時期の開発に関するものであった。

被告B社は、1998年（平成10年）2月27日づけで鹿児島県知事に対し、右林地開発行為廃止届を提出した。これは上記のような経済の後退を背景としているであろう。鹿児島地裁は、B社に関する部分について、この林地開発許可処分の効力は将来に向かって消滅したから、同処分の取消請求は訴えの利益を失い、不適法であるとして、終局判決において訴えを却下した。このような形によっても環境は保護されるということである。

4　動物を原告として表示する訴状

アマミノクロウサギ訴訟の1995年（平成7年）2月23日づけの訴状は、郵送で提出されたようである。訴状は、鹿児島地方裁判所が受理し、担当部に配点した。

この事件の訴状の1頁めには、「訴状」という表示の次の行からはじまる当事者として表示のある4名分が、いずれも次頁のように動物名となっている。訴状の写しをみると、末尾の「の通り。」の「り。」

訴　　状

平成7年2月23日

鹿児島地方裁判所○○部　御中

鹿児島県大島郡住用村大字市字大浜一五一〇番地外
原　告　アマミノクロウサギ

鹿児島県大島郡住用村大字市字大浜一五一〇番地外
原　告　オオトラツグミ

鹿児島県大島郡龍郷町屋入九一八の一番地外
原　告　アマミヤマシギ

鹿児島県大島郡龍郷町屋入九一八の一番地外
原　告　ルリカケス

鹿児島県鹿児島市　○　○
被　告　鹿児島県知事
△　△　△　△

その他の当事者の表示　別紙当事者目録及び代理人目録記載の通（り。）

が2頁目になっているが、一見すると、1頁目で当事者の表示が完結しているようにみえる。その当事者の表示は、一見すると、動物だけが原告であるかのようにもみえる。訴状の原文は縦書きである。

訴状の１頁目は、前頁の体裁である。動物名以外の当事者は、別紙当事者目録ⅠとⅡに記載がある。当事者目録Ⅰには、奄美市（旧名瀬市）所在のNGO環境ネットワーク奄美と奄美在住の５名（X1以下）の自然人の記載があり、当事者目録Ⅱは、奄美に在住しない17名の自然人の記載がある。

鹿児島地裁の担当部の裁判長は、訴状には「当事者及び法定代理人」（平成８年法律109号による改正前の民事訴訟法（以下「旧法」という）224条、改正後の民事訴訟法（以下「新法」という）133条２項１号）の当事者の記載に不備がある場合にあたるとして訴状の補正を命じた。

動物原告の表示のある訴状を受理した鹿児島地裁の裁判長は、動物原告の表示について、次のように考えたようである。

- 訴状の表示は動物原告になっているが、実は、本来の原告として特定の個人または法人がいるのではないか。
- その個人または法人は、自己の表示をするときに、動物名を用いたと解する余地がないわけではない。

そこで鹿児島地裁の裁判長は、この訴状の動物原告を記載した当事者について、本来存在しているかもしれない個人または法人を名宛人として、氏名、住所を補正することを命ずる訴状補正命令を発した（旧法228条１項、新法137条１項）。裁判長は1995年（平成７年）３月１日、この命令を公示送達（旧法178条１項、新法110条１項）に付した。しかし、原告らは訴状の不備の補正をしなかった。原告らは、裁判長の考えとは逆に、動物原告の表示は動物自体が原告であると釈明する訴状補充書を提出した。裁判長は、命令をもって訴状を却下した（旧法228条２項、新法137条２項）。裁判長による訴状却下命令にける当事者の表示の一例は次のとおりである。

「　住居所不明　　原告　　　アマミノクロウサギこと　某　」

訴状却下命令に対しては、即時抗告をすることができるが（旧法228条3項、新法137条3項）、原告はしなかった。即時抗告をしようとする際の抗告当事者の表示の仕方に問題があったためである。

その一方で、原告側は、訴状の動物原告以外の表示の一部を以下のように訂正をした。

訂正前「原告　X1」　→　訂正後「原告　アマミヤマシギこと　X1」

このいずれも「こと表示」を冠した自然人の原告は、動物種に代表される奄美の自然生態系を代弁して訴訟追行をすると主張した。動物原告の訴状が却下されたあとにおいても、自然の権利訴訟といわれているのは、この「こと表示」も影響しているであろう。争点は、抗告訴訟における処分を受けた者以外の者である原告らの当事者適格の有無となった[*7*8]。

動物を原告として表示する訴状が裁判官である自分の事件として配点されたとしたら、次のようなことを考えるのではないかと思う。

・　動物である原告が問題となるのは、行政事件訴訟法と民事訴訟法の問題としては、訴訟の当事者になることができるかどうか、つまり、当事者能力の問題である。
・　当事者能力の認められないことが明らかである動物を原告として訴状に表示しているということは、そこに動物原告以外の原告や訴訟代理人である弁護士にとって、この裁判において、とくに強く主張したいものがあるのであろう。
・　そうであるとすれば、動物を原告とする訴えの部分については、不適法で補正をすることができないことが明らかであるようにみえたとしても、ただちに、職権でその部分を分離して訴えを却下するということをせずに、なぜ、動物を原告として訴状に表示したのか、ということを、進行の打ち合わせの場において他の原告と訴訟代理人からひととおり、聞いてみたい。被告にも打診し、同席を希望すれば、同席してもらう。

・　このような場における聴取をしても、現行法のもとでは、どうしようもなければ、次に述べるように動物原告には当事者能力がないことを理由とする請求の却下判決をするしかないであろう。

動物原告の問題は、民事訴訟法の当事者能力の問題としてとらえることが自然である。

アマミノクロウサギ訴訟における鹿児島地裁の裁判長は、訴状の補正をする者がいないにもかかわらず、公示送達という方法で訴状補正命令の送達を行い、補正がないことを理由に訴状却下命令をした。これは不自然な対応である。

裁判長がする訴状審査は、訴訟指揮権に基づき、職権により行使する。当事者能力が存在することは訴訟要件であるから、裁判所が職権でその存否を調査して判断する。訴訟要件が存在しないのであれば、裁判所は判決により訴えを却下する。したがって、その場合は、本案の審理に入らない。

このような裁判官が職権において判断をするという分野において、当事者が重要であると考えている問題を提起されたときは、裁判官はとくに謙虚になる必要がある。これが本案の審理であれば、利害関係のある当事者が口頭弁論という公開の場において、主張をぶつけ合うことができる。しかし、訴状審査や訴訟要件の審理という、裁判官の職権判断の分野においては裁判官の考えていることがそのまま最終的な判断になる。そして、訴訟要件の存在を否定することは、本案の判断に入らないで終局を迎えることになる点においい

て、原告に与える影響だけではなく、当該裁判官自身の執務量に与える影響も大きいからである。

II 環境 NGO・住民などの原告適格

1 原告・控訴人らの主張

原告らの原告適格に関する主張のエッセンスは控訴審の最終準備書面(2002 年・平成 14 年 1 月 8 日づけ)に以下のようにまとめられている。

「本件では、原告適格が最大の争点となり、控訴人らはその原告適格が認められるべきであると主張してきた。自然は、人の生活と結びついて価値あるものとされる。控訴人らは、本件住用村のゴルフ開発予定地の生態系と関係を築き上げ、森林法及び関連法規が保護しようとした自然の価値を具体化した。具体化された価値は『関係性』を分析することによって特定し得る。このような控訴人らの法的地位を森林法及び関連法規は保護している。控訴人らの法律的利益は訴訟手続への参加が保障されることによって保護されるべきである」

2 鹿児島地裁の判断(平成 13 年 1 月 22 日)

アマミノクロウサギ訴訟における、鹿児島地裁の、環境 NGO と住民などの原告適格に関する判断の中心部分は以下のとおりである。

「7 森林法 10 条の 2 第 2 項 3 号による保護法益の内容について
(一) 以上の自然環境の保全に関する国際法規範及び関連国内法の法体系を考慮すると、森林法 10 条の 2 第 2 項 3 号にかかわる林地開発許可制度において保護しようとする『環境の保全』の趣旨については次のような内容が含まれるものと考えることができる。

⑴　野生動植物は、生態系の重要な構成要素あるだけでなく、自然環境の重要な一部として人間の豊かな生活に欠かすことのできないものであること

⑵　森林は多様な生物の生息・生育地としての生物多様性の保全の機能を有していること

⑶　学術的に貴重な動植物の生息地の森林の保全

（二）　このように、森林法10条の2第2項3号の保護しようとする利益は、生物多様性の保全という、第一義的には一般的公益と評価されるべきものであると解される。

あるいは、良好な自然環境やそこに生息する野生動植物が人間の豊かな生活に欠かすことができないという観点から、開発行為の対象となる森林及びその周辺の地域の自然環境又は野生動植物に対する個々人の利益を保護する趣旨が含まれるとしても、その個々人の利益を公益と区別することは困難であるほか、当該開発行為の対象となる森林及びその周辺の地域の自然環境、又は野生動植物を対象とする自然観察、学術調査研究、レクリエーション、自然保護活動などを通じて特別の関係を持つ利益を有し、これが林地開発許可制度による保護の対象となりえるとしても、これら諸活動は一般に誰もが自由に行いうるものであって、その『開かれた』性質からすると、不特定多数の者が右利益を享受することができ、また、森林との関係を持つ利益の内容もまた不特定である。そうすると、当該開発行為の対象となる森林及びその周辺の地域の自然環境又は野生動植物を対象とする自然観察、学術調査研究、レクリエーション、自然保護活動等を通じて人間が森林と特別の関係を持つ利益について、森林法10条の2第2項3号が保護していると解することができるとしても、この不特定多数者の利益をこれが帰属する個々人の個別的利益として保護する趣旨まで含むと解することは困難であると考えざるを得ない」

3　福岡高裁宮崎支部の判断（平成14年3月19日）

福岡高裁宮崎支部の原告適格に関する判断は次のとおりである。

「……同項3号（森林法10条の2第2項3号）は、当該開発行為をす

る森林の現に有する環境の保全の機能からみて、当該開発行為により当該森林の周辺の地域における環境を著しく悪化させるおそれがないことを開発許可の要件としているけれども、これらの規定は、水の確保や良好な環境の保全という公益的な見地から開発許可の審査を行うことを予定しているものと解されるのであって、周辺住民等の個々人の個別的利益を保護する趣旨を含むものと解することはできない」

「なお、控訴人らは、原告適格を根拠付ける事情として控訴人らの自然に対する関わりその他の事情をるる主張するが、森林法10条の2が控訴人らの主張するようなところを個々人の個別的利益として保護すべきものと規定したものとは、条文の文言に照らして解し難く、控訴人らの原告適格を肯認することはできない」

4　私の見解

鹿児島地裁は判決文のなかで、「森林法10条の2第2項3号の保護しようとする利益は、生物多様性の保全という、第一義的には一般的公益と評価される」といい、福岡高裁宮崎支部も「これらの規定は、水の確保や良好な環境の保全という公益的な見地から開発許可の審査を行うことを予定している」という。

最近では、最高裁判所が場外車券発売施設設置許可取消訴訟、いわゆるサテライト大阪事件判決（最判平成21年10月15日民集63巻8号1711頁）において「交通、風紀、教育など広い意味での生活環境」は、「基本的には公益に属する利益」という言葉を用い、原審が原告適格を認めた一部の原告に対する判断をくつがえした。

裁判所は、本案審理に入ることに慎重である。2004年（平成16年）に行政事件訴訟法が改正され、小田急大法廷判決（最大判平成17年12月7日民集59巻10号2645頁）を経たが、前掲サテライト大阪事件判決にいたり、少なくとも、環境保護の観点から見るかぎり司法制度改革の前より先に進んでいるとは思えない。

サテライト大阪事件において最高裁は、「一般的に、場外施設が設置、運営された場合に周辺住民等が被る可能性のある被害は、交通、風紀、教育など広い意味での生活環境の悪化であって、その設置、運営により、直ちに周辺住民等の生命、身体の安全や健康が脅かされたり、その財産に著しい被害が生じたりすることまでは想定し難いところである」という（民集63巻1979頁）。

私は、在官中のある時期に高松家庭裁判所に勤務し、その間2年半にわたり、高松家庭裁判所丸亀支部の少年審判のために週1回丸亀市に出張した。丸亀市内には競艇場があった。東京では、最近、京浜東北線の車内に競艇の広告が掲示してあり、そこをみると、現在でも丸亀において競艇が行われていることがわかる。丸亀競艇がサテライト大阪とちがうのは、丸亀が競輪ではなく競艇であり、場外車券発売施設ではなく競艇場そのものであり、大都市ではなく、人口が10万人に満たないことである。しかし、私の出張していたときの丸亀では、開催日の夕方、競艇の終了時刻になると、無料バスが何方向かに何台も運行され、はるか本州まで無料連絡船が運行された。いうまでもないことであるが、そこに乗る人々の多くは、おそらく結果としてであろうが、持参金がまったくなくなるまでやるのである。このような無料運行をしなければ、周辺住民がどのようになるか。このバスや船に関することは、高松や丸亀の多くの人々から聞いたし、自分でもおそらく何10回と想像した。原審の大阪高裁は、「競輪事業は、本来、賭博及び富くじに関する罪として罰せられるべき行為であ（る）」と繰り返している（大阪高判平成20年3月6日判例時報2019号19頁・21頁、前記民集63巻1792頁・1796頁）。大阪高裁は、また、ぱちんことの比較もていねいにしている（判例時報同号、民集63巻1797頁）。

森林法10条の2第2項3号が林地開発許可を不許可にする要件

としてあげている「当該開発行為をする森林の現に有する環境の保全の機能からみて、当該開発行為により当該森林の周辺の地域における環境を著しく悪化させるおそれがあること」を読むと、一般的利益と個別的利益を区別し、一般的利益に関するものには原告適格を認めないという議論は、結論が先にあるように思う。

私はこのような事例における原告適格についての独自の理論を定立するまでにいたっていないが、現在のところ、阿部泰隆が「判例の定式を変えないとしても、生活環境の悪化も、ある程度以上であれば（それは疎明で足りる）著しくなくても、公益に吸収されない（個別保護要件の緩和）と解釈すれば、問題は解決するのである」という主張に賛成する*9。

行政訴訟において本案審理をするということは、裁判所が行政の判断内容を審理するという、司法の本質的部分にかかるところが行われるということである。訴訟要件の審理ではあまり出てこない、問題の実質が争われる。本案審理をすることにより、本件でいえば、ゴルフ場の業者側に立って奄美の振興を図ろうとする人々と環境の保全を図ろうとする人々との対話が訴訟外ではじまる可能性が出てくる。訴訟上の被告は知事であるが、開発に直接の利害関係があるのは開発業者である。

鞆の浦の世界遺産訴訟では、1審の広島地裁は、2004年（平成16年）の行政事件訴訟法の改正で新たに認められていた抗告訴訟の類型である差止訴訟（行政事件訴訟法3条7項、37条の4）において、実体判決をし、かつ差止を認容した（広島地判平成21年10月1日判例時報2060号3頁）。原告代理人の1人は、控訴審になってからは審理をせず、専ら、原告と開発側との話し合いを行っていると私に述べた。鞆の浦では、生活道路が狭くその付近の住民が困っている現実がある。広島地方裁判所が実体判決をすることにより、両者が対話をする土俵にのることができたのではないか。

III　自然との対話

1　原告・控訴人らのいう自然との対話

原告・控訴人らの控訴審の最終の準備書面の最後の部分は、今まで述べてきた対話にあてている。その内容は以下のとおりである。

> 「控訴人らは原審において、対話の重要性を主張した。住用村は奄美大島でも最も小さな村の1つであり、開発に対する村の期待も大きい。控訴人環境ネットワーク奄美はこうした村人との対話を重視した。［中略］
>
> 『自然の権利』では、司法の過程という論争と判断の過程に環境的利益を主張するものを参加させ、開発を進めようとする側との相互の対話を実現しようと考えている。当該自然をよく知り、愛情を持つ者が自然の価値を代弁し、論争することにより、真に開発利益との調和点が生まれるはずである。原審は控訴人らの請求を却下し、調和点を実現するチャンスを奪ってしまった。司法手続きが対話のチャンスを奪えば、対立はさらに激しくなり、多様な価値の調和を図ることは困難である。むしろ、アマミノクロウサギが高密度に棲息する本件開発区域内ですら、アマミノクロウサギは無いものとして扱われたことから分かるように、誰にも代弁されない自然は破壊されるに任されてしまうのである」

2　対話の現実

山田弁護士がその一部を書いた上記の『自然の権利』が出版されたのは1996年（平成8年）であるが、2011年（平成23年）3月11日以後の福島第一原子力発電所の爆発事故のあと、原子力発電所を開発しようとする側と住民との対話というものの実態に関する事実が

次々と明らかにされている。原子力発電に係るシンポジウム等についての第三者調査委員会（2011年8月5日設置、会長・大泉隆史）は、同月30日に「中間報告書」を出したが、その内容は、山田論文とかなり整合しているといえるであろう。例えば次のような記述がある*10。

「九州電力の玄海シンポジウム担当者は、平成17年10月2日開催予定の玄海シンポジウムに向けて、保安院を訪問し、保安院原子力安全広報課A課長らの間で、玄海シンポジウムに関する打ち合わせを行った5)［注5　電力会社の如何を問わず、以上のように電力会社側が規制機関である保安院に赴き、保安院から指示・指導を受けることは普通に行われていた。］。その際、A課長は、玄海シンポジウムを成功裡に終わらせるため、九州電力担当者に対し、『九州電力の関係者もどんどん参加して、意見を言いなさい。』などと言い、九州電力において、地域住民として参加資格のある九州電力関係者を動員することを求め、九州電力関係者がシンポジウムに参加して積極的に賛成意見を述べることを要請するよう求めた。

なお、以上の発言・要請に加えて、上記打ち合わせ後に九州電力担当者が作成したメモに『九電関係者の動員、さくら質問等、でお願いする。』と記載されていることに鑑みると、九州電力担当者によってそのように受け取られる内容の発言・要請がA課長からなされたことも認められる。

九州電力は、当初から自らも参加等の呼びかけをすることを予定していたこともあり、九州電力社員や関係企業社員に対し、玄海シンポジウムへの参加や発言の呼びかけを実施している。係る呼びかけの結果、96名の九州電力社員などが玄海シンポジウムに参加した（参加総数626名であった。）」

私は、本書第Ⅱ巻第5章「原子力法制と心の平和」において、中央省庁再編により、本来原子力の安全を確保すべき原子力安全・保安院が、原子力を推進する経済産業省の下に位置づけられたことを指摘している。「中間報告書」は、そのような組織構造がもたらした1つの結果を明らかにしている[*11]。

3　私の見解

日本においては、昭和30年代から1973年（昭和48年）の第1次石油ショックに終わった戦後の高度経済成長時代、さらにその後においても、開発行為と自然保護が対立するという構図になったときには、ほとんど開発側に有利にすすめられてきたことは疑いがないであろう。環境法においては、1967年（昭和42年）に制定された公害対策基本法1条2項の「前項に規定する生活環境の保全については、経済の健全な発展との調和が図られるようにするものとする」といういわゆる調和条項が1970年（昭和45年）の公害国会において削除されたあとにおいても、現実の社会では、環境に対する経済の強い圧力は継続している。

国は、1987年（昭和62年）、総合保養地域整備法（リゾート法）を制定し、各種の規制を緩和した。多くのふるさとにおいて大規模な乱開発をした。しかし、現在の時点でみると、大規模事業のほとんどが行き詰まっている。開発が自然を破壊するだけでなく、開発そのものも失敗してしまっている。開発側の収支予測は次々とはずれていった。素人にも、そのような地域にそのような大規模な施設を建設して利用する人がいるのだろうか、と感じるものが多かった。そのような運命にある事業のための開発により、自然は壊され続けてきたのが事実である[*12]。

自然を保護しようとする主張が、経済や産業を発展させようとする主張と対等に扱われるようにするためには、人間が、人間の立場に立って、そのまわりにいる人間のための環境を保護しようと主張したとしても、これまでと同じことになるおそれがある。自然の権利という考えかたの本質は、人間が人間の立場に立って主張するのではなく、自然の側の立場に立てるもの、例えば環境 NGO に、自然の側の立場に立ってその主張と対話をする機会を与えるということであろう。

このように、自然の権利は、人間を含むすべての自然を保護しようとする主張であるから、これまでより高い立場に立って、経済や産業の側と対話をするという思想ではないだろうか。

さまざまな地域のさまざまな事業について、開発促進派と環境保護派との利害対立が起きている。しかし、その対立のなかで、対立当事者の中心になっている者同士が同じテーブルについて直接相手の言葉を聞き、自分の言葉を聞いてもらうという機会が意外と少ないのではないか。本当の当事者同士が直接、面と向かって冷静に話をすることができるのであれば、それぞれ相手の言い分のなかで納得できるところについてはそれを認める、ということができ、そこに対話が生まれる。そのようなことを繰り返していくと、本当に対立しているようにみえた点は、決定的な対立ではなく、両者が一層の対話をすることにより、両者の接点がみえることがある。

少なくとも、私が民事裁判官として多種多様な事件において口頭弁論と和解を経験し、家事審判官として家事調停を経験し、公害等調整委員会の審査官として公害事件の調停を担当した実感としては、対話は可能であるのに、裁判所や公害等調整委員会に来るまでの間にそのような機会をもつことがない事例が多かったと思う。裁判所などにおいて、直接相手方と話すことができた、ということに満足を示す当事者が少なくなかった。そこに解決の糸口をみつけることもあった。判決となると、原告適格の不存在による訴えの却下、あるいは、本案の審理に入ったとしても、判決の結果は 100 かゼロかということになる。そのような結果は、勝者にとっても、よい結果であるといえるかどうかには疑問が残る。紛争の終局的な解決につながらないからである。

自然の権利訴訟について裁判官を意識しながら考えることは、他人から提示されないとなかなかできない。与えられたテーマから私はいろいろなことを考えた。裁判官的な感覚のようなものがあるとすれば、それはかなり薄れているであろう。それでも出向期間を入れれば21年間勤務したときのことであるから、と自分に言い聞かせながら、考えをすすめてきた。これからもこのような発想をしていきたいと思っている。

＊1　山田隆夫「環境法の新しい枠組みと自然物の権利」山村恒年・関根孝道編『自然の権利』（信山社、1996年）28頁。

＊2　「自然の権利訴訟」という言葉は、山田弁護士が原告代理人をされた奄美大島のゴルフ場開発をめぐる訴訟をきっかけとしているようである。この訴訟は、1995年（平成7年）に鹿児島地裁に提起された行政訴訟である。開発業者が鹿児島県奄美大島にゴルフ場を造成するため、森林法の規定に基いて行った開発許可申請に対し、鹿児島県知事がした許可に対してゴルフ場予定地には、絶滅のおそれのある生物が生息しており、知事の許可は違法であるとして、住民らが許可の無効確認・許可の取消を求める行政訴訟を提起した。

＊3　アメリカにおいては、日本より前に、合衆国の連邦裁判所に係属した、環境NGOのシエラクラブが内務長官モートンほかを被告として、開発認可の差止などを求めた訴訟がある。開発業者の計画は、カリフォルニア州のセコイア国立公園に隣接しシェラネバダ山脈にあるミネラルキング峡谷を開発し、スキーリゾートを建設しようとしたため、シエラクラブが開発許可の差止命令などを求めた（連邦最高裁判決1972年4月19日）。連邦最高裁は、シエラクラブの原告適格を認めなかったが、ダグラス判事が少数意見のなかで、真の当事者は、ミネラルキング峡谷であり、シエラクラブはその代弁者にすぎないと述べたことは著名である。この事件の紹介は、関根孝道「第4章　米国における自然の権利の展開」前掲注1　119頁以下があり、判決文は同247頁以下に掲載されている。

＊4　上智大学法科大学院の北村喜宣教授の発案により、2010年から同大学院と

慶應義塾大学法科大学院のそれぞれの環境法の担当者が同じ日に、双方の履修者を対象に授業をするという交流をはじめた。その第2回を2011年9月19日慶應義塾大学南館において開催した。上智大学側があらかじめ私に提案したテーマは、「自然の権利訴訟は裁判官の眼にはどのように映るか」というものであった。本章は、当時、この授業のために考えたことに、両大学院生からの質問を踏まえ、まとめたものである。企画発案者の北村教授とテーマを出された上智大学の院生、そして当日会場で多くの質問をされた両大学院の学生の方々に感謝する。

＊5 東京都の小笠原諸島は、日本とアメリカとの間で1968年（昭和43年）4月5日返還協定の合意ができ、アメリカは同年6月26日、小笠原諸島を日本に返還した。小笠原諸島振興開発特別措置法の公布は、1969年（昭和44年）12月8日である。法律名には、現在の奄美に対するものと同じ「振興開発法」となっている。奄美と同様に、2014年（平成26年）3月31日までの時限立法となっている。国連教育科学文化機関（ユネスコ）の世界遺産委員会は、2011年（平成23年）6月24日、小笠原諸島を世界遺産（自然遺産）に登録することを決定した。

＊6 沖縄については、日本とアメリカとの間で1971年（昭和46年）6月17日返還協定の合意ができた。日本は、返還前の同年12月31日に沖縄振興開発特別措置法（「振興開発」法である）を公布し、沖縄は、1972年（昭和47年）5月15日、日本に復帰した。同法の施行は同日である。同法は、2002年（平成14年）3月31日に失効し、同日、沖縄振興特別措置法（「開発」がなくなる）を公布した。同法の施行は翌4月1日である。2012年（平成24年）4月31日までの時限立法になっている。同法には、奄美と小笠原にはない、「施策における配慮」という見出しのついた2条において、「……環境の保全並びに良好な景観の形成に配慮するとともに、潤いのある豊かな生活環境の創造に努めなければならない」と規定している。

＊7 この訴訟の経過は、訴状、1審判決書、控訴審の準備書面3通、控訴審の判決書の各写しによる。これらは、日本弁護士連合会編『ケースメソッド環境法〔第2版〕』（日本評論社、2006年）CD-ROM版資料集に収録されている。訴状却下の経緯については、訴訟代理人である関根孝道「法廷に立てなかったアマミノクロウサギ―世にも不思議な奄美『自然の権利』訴訟が問いかけたもの」（*The Journal of Policy Studies*, No.20, July 2005, pp. 117-156, 関西学院大学総合政策学部研究会）を参考にした。

＊8 オオヒシクイ訴訟における水戸地裁と東京高裁の対応。

　奄美大島の住民らがアマミノクロウサギ訴訟を提起した1995年（平成7年）、茨城県の霞ヶ浦湖心水域（西浦）付近で越冬をするオオヒシクイ地域個体群（以下「オオヒシクイ」という。ガンの一種）を含む住民が、県知事を被告として住民訴訟（2002年（平成14年）改正前の地方自治法（以下「改正前地方自治法」という）242条の2第1項4号後段に基づく損害賠償請求訴訟を提起した。原告らは、県知事がオオヒシクイ個体群の越冬地域全域を鳥獣保護区に指定

第8章
アマミノクロウサギ訴訟

しなかったことにより、県の威信をそこない重要な文化的財産を損傷させたことが知事の県に対する不法行為にあたると主張した。オオヒシクイは天然記念物に指定されており（文化財保護法 109 条 1 項)、環境省版レッドリスト（絶滅のおそれのある野生動植物の種のリスト）の鳥類の準絶滅危惧種とされている。

水戸地方裁判所は、オオヒシクイを原告とする部分の弁論を分離し（旧法 132 条、新法 152 条 1 項)、この部分の請求を却下する判決をした（改正前地方自治法 242 条の 2 第 6 項、行政事件訴訟法 7 条、旧法 202 条、新法 140 条）（水戸地判平成 8 年 2 月 20 日判例タイムズ 957 号 195 頁)。請求を却下した部分に対する控訴審判決は、東京高判平成 8 年 4 月 23 日判例タイムズ同号 194 頁である。同判決は、「本件控訴も、当事者能力を有しない自然物であるオオヒシクイの名において控訴代理人らが提起した不適法なものであり、これを補正することができないことは明らかであるから、却下を免れない」と判示した。

＊9 阿部泰隆「場外車券発売施設設置許可処分取消訴訟における周辺住民・医療機関の原告適格」判例時報 2087 号（判例評論 621 号、2010 年）170 頁。

＊10 経済産業省のホームページ（http://www.meti.go.jp/press/2011/08/20110830005/20110830005-2.pdf、2011 年 9 月 13 日アクセス)。

＊11 本書第 II 巻第 5 章「原子力法制と心の平和」参照。

＊12 伊藤護也「リゾート開発と環境問題」富井利安ほか『環境法の新たな展開〔第 3 版〕』（法律文化社、1999 年）197 頁。

第9章

農業と環境を考える視点

経済（産業）を健全に発展させることと環境を保全することは、いずれも大切なことであるが、一方だけを追求することはできない。経済（産業）を発展させようとすれば、社会のさまざまな場面における活動が盛んになり、そこから放出される有害物質も増え、環境を汚染することがある。だからといって、経済（産業）の発展を一切否定することは、社会の持続可能性を失わせる。

わが国の環境に関するはじめての基本法である（旧）公害対策基本法（1967年・昭和42年）の制定当時における1条2項は、「生活環境の保全については、経済の健全な発展との調和が図られるようにするものとする」と規定していた。また、公害対策基本法の個別法（実施法）に位置づけられる（旧）ばい煙の排出の規制等に関する法律（1962年・昭和37年）1条は、「生活環境の保全と産業の健全な発展との調和を図」ることを目的の1つに規定していた。

このような規定の仕方は、経済（産業）の発展と環境の保全とを比べたときにどちらを優先しているかわからない。そうなれば社会は経済（産業）優位に向かい、公害が広がる。そこで、1970年（昭和45年）の公害対策基本法改正において、この経済（産業）の健全な発展と生活環境の保全に関する調和条項を削除するとともに、実施法にあった同様の規定を削除した。

ここまで「経済（産業）」という用語をもちいたのは、公害対策基本法においては経済、実施法においては産業という単語を用いていたことにあわせたためである。厳密な区別というものはないであろう。

1993年（平成5年）、公害対策基本法にかわり制定された環境基本法の4条は、「環境の保全に関する行動」の例として「社会経済活動その他の活動による環境への負荷をできる限り低減すること」をあげ、環境の保全は、「健全で恵み豊かな環境を維持しつつ、環境への負荷の少ない健全な経済の発展を図りながら持続的に発展することができる社会が構築されることを旨とし……て、行われなければならない」と規定している。環境基本法は、優先順位という観点からは、健全で恵み豊かな環境を維持することを経済の健全な発展の上におき、環境への負荷の少ない社会を築くべきであると規定している。

コリン・クラークによれば、産業は、第1次産業から第3次産業にわけることができる。農林水産業は第1次産業、鉱工業は第2次産業、流通、小売業などのサービス業が第3次産業である。このうち第1次産業の農業は、他の産業と同様に環境を汚染することがあるが、自然の恵みの助けを得て成り立っているから、自然が破壊され、環境が汚染されると被害を受けることもある。

田や畑には、農作物を効率よく育てるために、農薬や化学肥料を与える。農薬などは田や畑の土壌をとおして地下水を汚染し、水路から河川や海を汚染する。遺伝子組換え作物は、農薬を少なくし収量を多くするために作づけをしているが、生物多様性に対する影響など、解明されていない点も多い。アマゾン流域が開発されて畑になるということは、地球全体の気候や温室効果ガスの変動に影響を与える要因になる。

農作物である稲や野菜・果物は、ほとんどの場合、田や畑など自然の一部である土壌に育つ。田や畑のために水をひく河川や湖水中に有害物質があれば、それによって田や畑は汚染される。汚染物質は、農作物を通して、人間の口から体内に入り、健康を冒す。鉱山から富山県神通川に流入したカドミウムは田を汚染し、人の健康を害した。このように農業は汚染物質による影響を受ける。土壌の汚染は、大気汚染や水質汚濁とともに、環境基本法（1993年・平成5年）が公害と定義している（2条3項）。制定当時の（旧）公害対策基本法の公害の定義に土壌汚染は入っていなかったが、前記の改正時に、土壌汚染が公害に加わり、同年に農用地の土壌の汚染防止等に関する法律が成立した。

このように農業の発展は、環境の保全と深い関係がある。両者が対立するような場面において、私たちはどのような視点をもって対立の解消にあたるべきなのであろうか。その際のもつべき視点というものを考えておく必要がある*1。

I 農業が環境に与える影響

1 農薬と肥料の使用

日本は、第2次大戦中から極端な食糧不足となり、1945年（昭和20年）8月の戦争終結のあともしばらく続いた。産業政策のなかにおける食糧増産の重要度は極めて高かったであろう。戦争が終わり、食糧の増産を図ろうとしても、耕作地は急には増えず、農業人口も少ないうえ、急に増えることもなかった。都市では食糧が枯渇し、多くの人々がサツマイモや米と交換するため、着物などをもって農村に向かった。

食糧増産のためには、農薬や化学肥料の使用が不可欠であった。すでに、1945年（昭和20年）に岡山県の野菜畑でDDTを使用していた[*2]。1948年（昭和23年）には、農薬取締法が制定される。1950年（昭和25年）には、肥料取締法が制定される。肥料については農薬の次に述べる。農薬取締法1条は、同法の目的について次のように規定している。

> 「この法律は、農薬について登録の制度を設け、販売及び使用の規制等を行なうことにより、農薬の品質の適正化とその安全かつ適正な使用の確保を図り、もって農業生産の安定と国民の健康の保護に資するとともに、国民の生活環境の保全に寄与することを目的とする」

農薬の登録は法制定の年からはじまる。1948年（昭和23年）には、種子消毒用有機水銀剤、有機塩素系殺虫剤DDTが登録された[*3]。その後さまざまな農薬が登録されていく。食糧増産体制と一体であったであろう。増産対象は、戦中から戦後しばらくは芋であったが、その後は米となった。

農薬取締法は、以下のような規制をしている。製造者と輸入者に対し、農薬について、農林水産大臣の登録を受けなければ、製造、加工、輸入をすることを禁止する（2条1項本文）[*4]。大臣が登録したときは、登録番号、農薬の種類・名称、製造者・輸入者の氏名・住所を公告する義務が発生する（6条の7）。農薬の製造者・輸入者には、農薬の容器に所定の事項を表示する義務がある（7条）[*5]。

農薬の販売者は、都道府県知事に届け出る義務がある（8条1項）[*6]。法定の表示のある農薬以外の農薬の販売を禁止されている（9条1項）[*7]。2003年（平成15年）の同法改正により、農林水産大臣は、販売者が前条などに違反して農薬を販売した場合において、人畜に被害が生じるおそれを防止するために必要なときは、販売者に回収などの命令をすることができるという規定が加わった（9条の2）*8。農薬の使用については、一般的な規制として、7条の表示のある農薬等以外の農薬の使用を禁止する（11条）*9。

政府は、一定の要件のもとに水質汚濁性農薬を指定し、都道府県知事は、水質汚濁性農薬について、その使用に伴い、水産動植物に著しい被害が発生するおそれがあるか、水質汚濁により人畜に被害が生ずるおそれがあるときは、農薬を使用する前に知事の許可を受けるべきことを定めることができる（12条の2第1項・第2項）*10。

2011年（平成23年）度の数値であるが、最近の農薬使用状況の一部は、以下のとおりである*11。

① 2011年（平成23年）度の農薬生産量
（数量単位のトンまたはキロリットルは、農薬ごとの特定はされていない。小数点以下は切り捨てて引用してある。統計には出荷量も掲載されているが、生産量と大差がないので省略する）

	生産数量（t, kl）	生産年額（千円）
殺虫剤	89,767	121,860,204
殺菌剤	47,738	81,958,204
殺虫殺菌剤	22,952	40,639,748
除草剤	71,087	126,112,179
⋮	⋮	⋮
計	244,908	383,285,301

② 登録農薬（2011年・平成23年9月30日現在）

殺虫剤	1,168件
殺菌剤	948件
殺虫殺菌剤	512件
除草剤	1,486件
⋮	⋮
総計	4,450件

そのほか、例えば、水稲の病害虫による被害量、主要病害虫の発生面積、防除面積などのデータがある。

③ 農薬の空中散布実施状況
（単位はヘクタール、2011年・平成23年は10県で実施されている。林業関係を除く）

沖　縄	2,219,857
茨　城	9,817
秋　田	8,822
⋮	⋮
総計	2,266,533

肥料については、前記のとおり、肥料取締法が1950年（昭和25年）に制定されている。1条の目的規定は次のとおりである。

「この法律は、肥料の品質等を保全し、その公正な取引と安全な施用を確保するため、肥料の規格及び施用基準の公定、登録、検査等を行い、もって農業生産力の維持増進に寄与するとともに、国民の健康の保護に資することを目的とする」

肥料取締法2条1項は、肥料を、「この法律において、『肥料』とは、植物の栄養に供すること又は植物の栽培に資するため土じょうに化学的変化をもたらすことを目的として土地にほどこされる物及び植物の栄養に供することを目的として植物にほどこされる物をいう」と定義する。

そして、同法は2条2項において、肥料を特殊肥料と普通肥料にわけ、特殊肥料は農林水産大臣の指定する米ぬか、たい肥その他の肥料をいい、それ以外を普通肥料というと規定する。普通肥料については農林水産大臣が公定規格を定め（3条1項)、普通肥料を業として生産しようとする者は銘柄ごとに知事の登録を受けなければならない（4条1項)*12。特殊肥料は、生産、輸入前に知事に肥料の名称等を届け出なければならない（22条1項)*13。

最近の肥料の生産量や国内消費量は以下のとおりである*14。

2009年（平成21年）（暦年）の主要な無機質肥料一部の国内生産量と国内消費量

（単位はトン）

	生産量	消費量
硫　安	1,202,827	538,757
石灰窒素	47,837	43,983
尿　素	365,690	362,930
硝　安	1,336	3,131
塩　安	54,408	46,739

農薬と化学肥料は化学物質であるため、その農薬や肥料の製造工程において環境に与える影響、リスクを考える必要がある。とくに、日本の場合は、チッソ（当時は新日本窒素）水俣工場における主要な製

品の1つが化学肥料であったとされている[*15]。農業・農作物と環境を考えるにあたっては、産業、とくに化学産業との関係についても留意する必要がある。

チッソ（当時、日本窒素肥料）は、すでに、昭和の時代になる前の1925年（大正14年）に漁業組合から工場排水による汚染を理由に補償要求をされ、会社は見舞金1,500円を支払った[*16]。1953年（昭和28年）には患者が発生したことが確認されている。1956年（昭和31年）4月21日、5歳11か月の女児が、歩行障害、言語障害、さらに狂躁状態などの脳症状を主訴として、チッソ（1964年・昭和39年までは新日本窒素株式会社）水俣工場附属病院の小児科に受診し、2日後入院する。続いて2歳11か月の妹が姉と同じ状態で入院する。医師たちは、隣家に同じような女児がいることを知り、8名を入院させる。そして、5月1日、水俣保健所に正式に報告する。この日が水俣病の正式発見の日とされている[*17]。

新潟においても熊本と同じことが起きてしまった。1964年（昭和39年）10月、定型的な有機水銀中毒の症状のある男性が新潟大学病院に入院し、1965年（昭和40年）1月、水俣病と診断される。阿賀野川の魚を多食していた人々に症状が現れる。そして1967年（昭和42年）6月、後に4大公害訴訟と呼ばれる、昭和電工を被告とする新潟水俣訴訟が新潟地裁に提起される[*18]。1971年（昭和46年）9月29日、裁判所は、原告勝訴の判決を言い渡した。判決は、昭和電工の鹿瀬工場のアセトアルデヒド製造工程において、メチル水銀が生成、流出され、工場排水とともに阿賀野川に放出していたものと推認せざるをえないとして、昭和電工側の新潟地震の際に埠頭倉庫から流出した農薬が原因であるという説を排斥した[*19]。

2　遺伝子組換え生物の使用

農薬を減らし、効率的に使用するために、次のようなことが行われている。例えば、ある害虫に対して抵抗することができる遺伝子組換え農作物を作れば、害虫がその農作物を食べると死ぬから、そのような農作物は害虫に食べられることはなくなる。また、除草剤に抵抗力をもつ遺伝子組換え農作物を作れば、その除草剤を農作物の周りに撒くことにより、効率的に除草をすることができる。遺伝子組換え農作物は、遺伝子組換えによりできた害虫抵抗性や除草剤抵抗性のある農作物である。

遺伝子組換えでない植物は、遺伝子組換え農作物の勢いにおされ、あるいは、特殊な農薬で駆逐されることが考えられる。遺伝子組換え農作物とそれ以外の作物が受粉し、交雑することにより、現在の研究成果では、コントロールができない生物ができて、これが、他の生物を駆逐し生物の多様性が失われるかもしれない。

2003年（平成15年）、「遺伝子組換え生物等の使用等の規制による生物の多様性の確保に関する法律」（カルタヘナ法）が制定された。この法律は、作物にかぎらず、生物一般について規定している。この法律はまた、他の環境法と同様に、環境基本法の下にあり、かつ、生物多様性基本法の下にある。

カルタヘナ法の特徴は、条約、議定書（条約の一種）に基づいていることである。その条約とは、「生物の多様性に関する条約」（生物多様性条約）であり、その議定書は、「生物の多様性に関する条約のバイオセーフティに関するカルタヘナ議定書」である。

生物多様性条約は、1992年（平成4年）6月にブラジルのリオ・デ・ジャネイロで開催された、環境と発展（開発）に関する国際連合会議、いわゆるリオ・サミットにおいて、同年6月14日に採択された。同条約は、1993年（平成5年）12月29日に発効し、日本についても同日発効している。

カルタヘナ議定書は、2000年（平成12年）には採択され、2003年（平成15年）9月11日に発効、日本についても2004年（平成16年）2月19日に発効した。カルタヘナ法は、2条1項において生物を次のように定義している。

「『生物』とは、一の細胞（細胞群を構成しているものを除く。）又は細胞群であって核酸を移転し又は複製する能力を有するものとして主務省令で定めるもの、ウイルス及びウイロイドをいう」

同法施行規則1条は、生物の定義について、生物から除外するものを規定している。除外されるものは、ヒトの細胞（1号）などと、分化する能力を有する、または分化した細胞など（個体および配偶子を除く）であって、自然条件において個体に成育しないもの（2号）である。

同法2条2項は、「遺伝子組換え生物等」について、以下のように規定している。

「この法律において、『遺伝子組換え生物等』とは、次に掲げる技術の利用により得られた核酸又はその複製物を有する生物をいう。
1　細胞外において核酸を加工する技術であって主務省令で定めるもの
2　異なる分類学上の科に属する生物の細胞を融合する技術であって主務省令で定めるもの」

カルタヘナ法は、遺伝子組換え生物などについて、拡散防止措置をとって行う使用（2条6項「第2種使用等」）と、当該措置をとらないでする使用（2条5項「第1種使用」）にわけ、第1種使用についてより厳しい規制をとっている。また、遺伝子組換え生物などを作成しまたは輸入して第1種使用などをしようとする者は、主務大臣の承認を受けなければならない（4条1項）[*20]。

厚生労働省医薬食品局食品安全部が発表した2013年（平成25年）2月26日の「安全性審査の手続を経た旨の公表がなされた遺伝子組換え食品及び添加物一覧」によると、以下の食品と添加物について安全性の審査手続を経ている。同一覧表の概要は、以下のとおりである[*21]。このデータの直近の2012年（平成24年）12月4日のデータでは、食品が191種、添加物が16品目であった。3か月足らずの間に遺伝子組換え食品が対象品種全体として26種増えている。

① 食品（217種）

対象品種	数	性質（各品種が有する全部または一部の性質）
じゃがいも	8	害虫抵抗性、ウィルス抵抗性
大　豆	12	除草剤耐性、高オレイン酸形質、害虫抵抗性
てんさい	3	除草剤耐性
とうもろこし	145	害虫抵抗性、除草剤耐性、高リシン形質、耐熱性α－アミラーゼ産生、乾燥耐性
なたね	18	除草剤耐性、稔性回復性、雄性不稔性
わた（綿実油用）	27	除草剤耐性、害虫抵抗性
アルファルファ	3	除草剤耐性
パパイア	1	ウィルス抵抗性

② 添加物（16品目）

対象品目	数	性質（各品目が有する全部または一部の性質）
α－アミラーゼ	6	生産性向上、耐熱性向上
キモシン	2	生産性向上、キモシン生産性
プルラナーゼ	2	生産性向上
リパーゼ	2	生産性向上
リボフラビン	1	生産性向上
グルコアミラーゼ	1	生産性向上
α－グルコシルトランスフェラーゼ	2	生産性向上

II 環境が農業に与える影響

1 農業就労者への影響

高度経済成長時代には、コンビナートや化学工場などから排出される有害物質による健康被害が生じるなどの公害が多発し、企業や行政が適切な対応をしないまま、被害者の企業に対する提訴が相次ぐ。1967年（昭和42年）に公害対策基本法が制定されるが、同年には、四日市ぜん息、1968年（昭和43年）にイタイイタイ病と新潟水俣病、1969年（昭和44年）に熊本水俣病事件訴訟が提起される。これらは、4大公害訴訟といわれるが、農業にとっては、鉱業を原因とするイタイイタイ病の訴訟が重要である。

農作物の生育のためには、水を欠かすことができず、水は、河川から引いている場合が多いであろう。河川の下流に水田などがあると、上流の鉱山や工場からの汚れた水を川に排出することにより、河川が汚染され、それが農地の汚染の原因となる。汚染された農地で育った米は、有毒物質を含む。

富山県神通川流域上流の神岡鉱業所（岐阜県）において、鉛、亜鉛の採掘、選鉱、精錬の過程でカドミウムなどが放流されたため、下流の人たちが農作物や魚、飲料水などを摂取することにより体内に入り、発症する。大腿部痛、腰痛などに苦しみ、骨が弱くなり、小さい力でも骨折し、激しい痛みから、イタイイタイ病といわれるようになった。

鉱物の掘採のため土地を掘削、坑水若しくは廃水の放流などにより他人に損害を与えたときは、損害発生時の当該鉱区の鉱業権者が損害賠償責任を負う（鉱業法 109 条 1 項）。この責任は、無過失責任である。イタイイタイ病裁判では、因果関係が問題となり、1 審の富山地裁昭和 46 年 6 月 30 日判決*[22]、2 審の名古屋高裁金沢支部昭和 47 年 8 月 9 日判決*[23]は、いずれも因果関係の存在をみとめ、鉱業権者に損害賠償を命じた*[24]。

2　土壌への影響

農用地の土壌の汚染防止等に関する法律は、1970 年（昭和 45 年）公布され、1971 年（昭和 46 年）6 月 5 日に施行された。同月末日には、イタイイタイ病裁判の 1 審判決が言い渡され、翌 7 月 1 日、環境庁（現・環境省）が発足をするという時期である。この法律の目的規定（1 条）は、次のとおりである。

> 「この法律は、農用地の土壌の特定有害物質による汚染の防止及び除去並びにその汚染に係る農用地の利用の合理化を図るために必要な措置を講ずることにより、人の健康をそこなうおそれがある農畜産物が生産され、又は農作物等の生育が阻害されることを防止し、もって国民の健康の保護及び生活環境の保全に資することを目的とする」

1条にでてくる「特定有害物質」は、2条3項において、カドミウムその他の物質で政令で定める物質とされ、同法施行令1条は、カドミウムおよびその化合物（1号）、銅およびその化合物（2号）、砒素およびその化合物（3号）と規定している。

農地の改良工事については、公害防止事業費事業者負担法2条2項3号が規定している。事業費の一部または全部は、公害を発生させていた事業者に費用の全部または一部を負担させる（2条〜5条）。

このように法律は制定されたが、「土壌の汚染に係る環境基準について」という告示、すなわち、望ましい基準が定められて告示されたのは、平成3年（1991年）8月23日になってからであった。同告示の別表の1番目がカドミウムであり、環境上の条件としては、「検液1Lにつき、0.01mg以下であり、かつ、農用地においては、米1kgにつき0.4mg以下であること」と規定されている。

市街地の土壌汚染については、2002年（平成14年）に「土壌汚染対策法」が制定される。

III　農業と環境を考える4つの視点

1　自然の復元力の限界

1946年（昭和21年）に自作農創設特別措置法が公布され、第2次農地改革がはじまる。1947年（昭和22年）5月3日には、日本国憲法が施行される。1950年（昭和25年）6月25日に朝鮮戦争がはじまり、日本は、特需により経済が立ち直ってゆく。1952年（昭和27年）4月28日には、対日平和条約・日米安全保障条約が発効する。朝鮮戦争は、1953年（昭和28）7月27日、休戦協定調印により終わる。

米については、1955年（昭和30年）から豊作が続き、米の消費が減少し、むしろ余ってくる。その背景には、高度経済成長がはじまって所得水準があがり、朝食にパンを食べる家庭が増えるなど、食生活が欧米化したことなどがあったと考えられる。

社会の変化は、農村に多くの問題を発生させた。主要な問題は、次の4つであるといわれている[*25]。

① 新規学卒者を中心とした男性を中心とする若年齢層の流出。
② 農業所得と都市勤労者所得との格差の拡大。その情報のマスコミ、発達した交通を利用して農村に戻る人々の口を通じた農村の人々への伝達。
③ 農産物に対する需要構造の変化。例えば、主食の消費減少、畜産物・青果物の消費増大。
④ 外国とくにアメリカが農産物貿易自由化促進の圧力を日本に対して強めてくるなどの外国農業との競争（その背景には朝鮮戦争終結時期の世界的な生産過剰状況があった）。

（旧）農業基本法は、このような時代を背景として1961年（昭和36年）に制定され、1999年（平成11年）に食料・農業・農村基本法が制定されるまで施行された。（旧）農業基本法には、5文からなる前文が附されていた。第3文から第4文にかけて以下のような記述がある。

「……近時、経済の著しい発展に伴なって農業と他産業との間において生産性及び従事者の生活水準の格差が拡大しつつある。他方、農産物の消費構造にも変化が生じ、また、他産業への労働力の移動の現象が見られる。

このような事態に対処して、農業の自然的経済的社会的制約による不利を補正し、農業従事者の自由な意志と創意工夫を尊重しつつ、農業の近代化と合理化を図って、農業従事者が他の国民各層と均衡する健康で文化的な生活を営むことができるようにすることは、農業及び農業従事者の使命にこたえるゆえんのものであるとともに、公共の福祉を念願するわれら国民の責務に属するものである」

1950年（昭和55年）代後半にはじまった日本の高度経済成長の末期近くの1971年（昭和46年）8月、アメリカは、金とドルの交換を一時停止し、10%の輸入課徴金を決めるなど、ドル防衛策を発表する。いわゆるニクソン・ショックと呼ばれるものである。日本は、1ドル360円の固定相場制から、同年12月に1ドル308円の固定レートに移るが、1973年（昭和48年）2月変動相場制に移行する。1973年（昭和48年）10月に第1次石油危機により日本の高度経済成長が終わる。第2次石油危機は1979年（昭和54年）1月であり、イラン王政の崩壊を契機とした。

1980年（昭和55年）9月アメリカで、G5によるプラザ合意ができる。ドル高修正のため為替市場に協調介入することを、米、日、西独、英、仏の5か国が合意した。日本は「円高による不況対策」として、内需拡大策がとられ、企業は膨大な余剰資金をえる。それも1つの原因として地価、株価などのバブルが発生した*26。

1984年（昭和59年）には、地力増進法が制定される。農業を職業とする人の数が減り、土壌の管理が行き届かなくなり、地力が低下してきたのである。同法は地力について、2条2項において「この法律において『地力』とは、土壌の性質に由来する農地の生産力をいう」と定義している。

1990年（平成2年）から株価が暴落し、翌1991年（平成3年）からは地価も暴落してバブルは崩壊する。1990年代は、失われた10年といわれた。今日では、さらにその後の10年を加えて失われた20年ともいわれる。

1992年（平成4年）、ブラジルのリオ・デ・ジャネイロで、環境と開発（発展）に関する国際連合会議において、環境と開発に関するリオ宣言が合意される。開発は将来世代のことを考えて行使すべきこと（第3原則）、持続可能な開発を達成するため、環境保護は開発過程と不可分のものとして考えるべきこと（第4原則）などが盛り込まれている。環境基本法は、リオ宣言を踏まえ、その翌年制定された。

環境の保全の原点に立ち返って考えると、環境基本法の規定する環境保全についての基本理念に行き着く。そのなかの3条の条文中に、「……生態系が微妙な均衡を保つことによって成り立っており人類の存続の基盤である限りある環境が、人間の活動による環境への負荷によって損なわれるおそれが生じてきていることにかんがみ」というくだりがある。

このなかの「限りある環境」が環境の本質をとらえている。「限りある環境」の意味は、人間が環境を汚染しつづけると、ある段階からは、もとに戻らなくなってしまうということである。

自然のもっている汚染からの復元力がなくなると、水質にしても土壌にしても、行きつくところまで行ってしまうということである。

農薬のような化学物質を大量に空中散布をするなどして環境に負荷を与えていることについて警告を与えた書物は、アメリカ人のレイチェル・カーソン（Rachel Louise Carson）が1962年（昭和37年）に発表した、“SILENT SPRING” である*27。

カーソンは、自然の復元力には限界があることを明らかにしている。「第1章 明日のための寓話」のなかに、表題の沈黙の春がでてくる*28。

「自然は、沈黙した。うす気味悪い。鳥たちは、どこへ行ってしまったのか。みんな不思議に思った。裏庭の餌箱は、からっぽだった。ああ鳥がいた、と思っても、死にかけていた。ぶるぶる体を

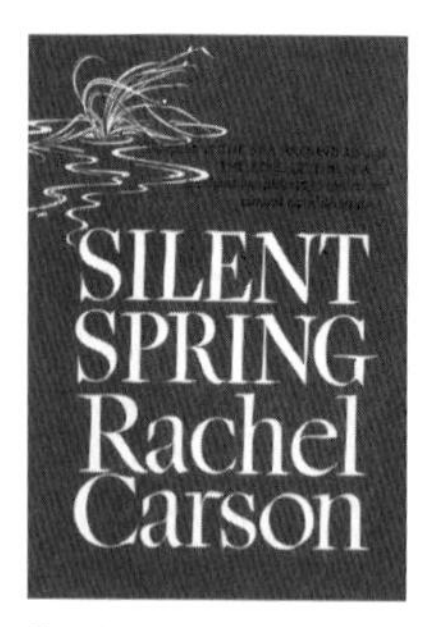

『沈黙の春』(SILENT SPRING) とレイチェル・カーソン

ふるわせ、とぶこともできなかった。春がきたが、沈黙の春だった。いつもだったら、こまどり、すぐろまねしつぐみ、鳩、かけす、みそさざいの鳴き声で春の夜は明ける。そのほかいろんな鳥の鳴き声がひびき渡るのだった。だが、いまはもの音ひとつしない。野原、森、沼地——皆黙りこくっている」

2　生物の多様性

農作物を育てるときには、水が必要である。その水が汚染されると、農作物に被害がでる。だから、水をきれいにしなければならない。

農作物を順調に生育させるためには、土壌に農薬や化学肥料を与える。農薬をまくことの効果は、農作物について成育を妨げるような虫や雑草を取り除くことにある。化学肥料も農作物がよりよく育つために使う。しかし、農薬や化学肥料は、農作物の邪魔になる虫や雑草だけではなく、土壌や水を汚し、まわりにある多くの生物に影響を与える。そして、水田や畑にまかれた農薬や化学肥料は、水路から川に至り、あるいは地下水を経由して海に到達する。川や海が農薬や化学肥料で汚染されると、その毒性により、さまざまな動植物が死滅し、生物の多様性が減る。

生物の多様性を保つ必要がなぜあるのか。川や海が汚染され小さな昆虫やプランクトン、小さな魚が死滅するとどうなるのか。小さな生物の死滅は、大きな生物の死滅につながる可能性がある。例えばＡというとても小さな昆虫がいたとして、昆虫Ａは、自分より少し強くて大きい昆虫Ｂの食料になっている。昆虫Ｂはもっと強い昆虫Ｃに食べられている。このような食物の連鎖は、やがて昆虫から小型の動物、中型の動物のエサになる。海や川でも、プランクトンのようなものを食べる小さい魚は、より大きな魚や鳥、動物によって食べられる、という食物の連鎖になっている。この世の中は、こうした食物連鎖が網の目のように張り巡らされて１つのバランスをとっている。そのうちの１つのごく小さい生物が絶滅したとしても、すぐには、その影響がわからないかもしれないが、食物の連鎖の一部がきれるわけであるから、いずれ生物の世界に大きな影響を与えることもありうる。生物の多様性が減るとなぜ困るのか。それは、生物の多様性が人類を含む生物の存続の基盤になっているからである。

3 ゼロにできないリスクの和を最小にするという考え方

農薬を使用することに対する評価をするにあたっては、広い視野から考えないといけない。対立するリスク同士の比較対照をして、ふさわしい法規制を考えることになる。中西準子は、以下のようなリスク・トレードオフの例をあげている*29。

> 「農薬の毒性影響だけ見れば、生態系にプラスであるはずがない。しかし、もし、農薬が農業の収穫をあげる効果があるなら、この地球上の人口を養うために開発しなければならない森林伐採面積を減らすことに貢献し、地球環境影響を減少させる効果が期待できる。この場合、農薬が使われる地域での環境影響と農薬がなかったら行

われていたにちがいない農地開発による環境影響を比較しなければならない。ただ単に、その狭い地区への影響があるからという理由だけで規制を厳しくすることにより、かえって別の面で大規模な自然破壊を引き起こす可能性もあるのである」

農薬の害に関係して遺伝子組換え作物が議論されている。遺伝子組換え作物の典型的な性質の1つは、害虫抵抗性である。害虫抵抗性のある遺伝子組換え作物を害虫が食べるとその害虫は死んでしまう。農薬を散布しなくてよいから、農薬を散布する人の健康を害することはなくなり、大気、河川、湖、土壌などを農薬で汚染することもなくなる。しかも、収量は多くなる。害虫抵抗性のある遺伝子組換え作物を育てることにより発生するリスクは、それ以外の作物に対して害虫駆除のために農薬を散布することにより発生するリスクと、リスク・トレードオフの関係にある。

1992年、リオ宣言が出された国連会議において、生物多様性条約が作成され、この条約は1993年に効力を発生し、日本についても同年発効する。そして、2008年(平成20年)、生物多様性基本法が環境基本法のもとに制定される。環境基本法4条に持続的に発展する社会の構築をめざす部分があることは前述のとおりである。生物多様性基本法は、環境基本法の下位に位置づけられる基本法としては、2000年(平成12年)に制定された循環型社会形成推進基本法(循環基本法)に続くものである。循環基本法3条も、循環型社会の形成についての基本原則として「持続的に発展することができる社会の実現」をあげている。

生物多様性基本法には前文があり、その第5文に「持続可能な社会の実現」をあげている。生物多様性基本法の2条1項は、生物の多様性の定義について、「この法律において、『生物の多様性』とは、様々な生態系が存在すること並びに生物の種間及び種内に様々な差異が存在することをいう」というとする。この定義は、生物多様性に関する条約2条に従っている。同条約2条の定義は、「『生物の多様性』とは、すべての生物（陸上生態系、海洋その他の水界生態系、これらが複合した生態系その他生息又は生育の場のいかんを問わない。）の間の変異性をいうものとし、①種内の多様性、②種間の多様性及び③生態系の多様性を含む」（①ないし③の番号は筆者）というものである。

上記①の種内の多様性は、互いによく似ているが地域によって少しずつ違う生き物のグループ（もっている遺伝子が異なる）ことをいい、②の種間の多様性は、姿、形・生活が異なるさまざまな生き物（ツバメがいてヒバリ）がいることをいい、③は、さまざまな生き物が構成するいろいろなエネルギーのやり取りの様子（森林があり、池がある）をいう[*30]。

単一品種の作物を栽培している農地では、生物多様性が著しく乏しい。このような生き物の集団は、小さな環境の変化・病気や害虫などの外敵の侵入に弱い。19世紀のアイルランドのジャガイモ飢饉や、1993年（平成5年）の日本のコシヒカリとササニシキを中心とした米の凶作など、社会・政治・経済にも大きな影響を及ぼすこともあるとの指摘があり、生物多様性は、農作物との関係も深い[*31]。

4　農業のもつ正の外部性

農業分野では、環境基本法制定の年である1993年（平成5年）の12月15日、日本の農業とくに米作にとって極めて重要な国際的合意ができる。環境基本法の制定の翌月である。1986年（昭和61年）ウルグアイではじまった、ガット・ウルグアイ・ラウンドが、1993年（平成5年）12月合意に達した[*32]。

ウルグアイ・ラウンド中の1988年（昭和63年）、日米間で、牛肉・オレンジの輸入自由化に関して対立が深刻化し、交渉の結果、同年

6月に、それから4年後の1992年（平成4年）から牛肉とオレンジ果汁について数量枠を撤廃することで合意する。その背景には両国間の貿易不均衡があった*33。

ウルグアイ・ラウンドの合意のうち、市場アクセス分野においては、輸入数量制限などの非関税措置を関税化して、関税相当量（国内卸売価格と輸入価格の差）を設定することとされ、関税率を毎年引き下げることとされた。そして、食料安全保障、環境保全などの非貿易的関心事項の重要性を考慮し、一定の条件のもと、6年間関税化を実施しない特例措置が認められる。日本は、米について関税化を反対していたが、この特例措置が適用された。その代償として、輸入割当量を、1995年（平成7年）消費量の3%から4%に加重され、最終年の2000年（平成12年）の輸入割当量を5%から8%に加重された。

ウルグアイ・ラウンドが合意に達した1993年（平成5年）は、前記のとおり水稲が未曾有の不作で、作況指数は74であった（平年は100）。この年の作況指数は、昭和に入ったあと、昭和20年の67を除くと最低であった。政府は、アメリカ、オーストラリア、中国、タイから合計259万トンの米を輸入することを強いられた。

翌1994年（平成6年）、日本は、第2次大戦前の1942年（昭和17年）に制定した（旧）食糧管理法を廃止し、あらたに「主要食糧の需給及び価格の安定に関する法律」（食糧法）を制定し、1995年（平成7年）11月1日から施行する。（旧）食糧管理法1条は、「本法ハ国民食糧ノ確保及国民経済ノ安定ヲ図ル為食糧ヲ管理シ其ノ需給及価格ノ調整並ニ配給ノ統制ヲ行フコトヲ目的トス」と規定していた。食糧法は、とくに流通の規制を大幅に緩和した。しかし、米の輸入については、農林水産大臣の許可を受けなければならなかった（後述の改正前の65条1項）。

ウルグアイ・ラウンドの合意において、日本の米について特例措置が適用されてから3年ほどたち、日本は、外国産米に対する需要や、代償措置としての輸入割当の増加などを背景とし、米の輸入について、関税化に踏み切る。1999年（平成11年）食糧法を改正し、米の輸入許可制の撤廃などを内容とする改正法が同年4月1日から施行される。

日本では、ウルグアイ・ラウンド合意の翌年から、同合意を踏まえ、農業基本法にかわる新しい基本法制定へ向けたさまざまなプロセスが踏まれた。

農業分野のあらたな基本法は、1999年（平成11年）、食料・農業・農村基本法として制定され、7月16日公布・施行された。

食料・農業・農村基本法の立法趣旨については、次のような記述がある（傍点は筆者）*34。

> 「現在、我が国の農業・農村を取り巻く環境は、食料自給率の低下や農村の過疎化、高齢化などに見られるように大変厳しいものとなっています。他方、近年、心の豊かさやゆとり、安らぎといった経済面に留まらない価値を重視する傾向が定着し、また、食品の品質・安全性に対する国民の関心が高まる中で食料・農業・農村政策は新たな対応を求められるようになっています」

傍点部分は、同法3条に「多面的機能の発揮」という見出しのもとに具体的に記述されている。すなわち、農村で農業生産活動を行うということは、国土の保全、水源のかん養、自然環境の保全、良好な景観の形成、文化の伝承などのような多面的機能を発揮していることを明らかにしている*35。

食料・農業・農村基本法の公布施行の直後の1999年（平成11年）7月28日、持続性の高い農業生産方式の導入の促進に関する法律が公布され、同年10月25日から施行された。この法律は、たい肥などの有機質資材を施用し、化学肥料や農薬を減らし、環境と調和のとれた農業生産をめざす（1条、2条）。同法4条1項は、農業を営む者の作成する持続性の高い農業生産方式の導入に関する計画を作成し、都道府県知事が認定する。この認定を受けた農業者をいわゆるエコファーマーといっている。エコファーマーは、その作成した導入計画に基づき、環境保全型農業直接支援対策として、国と地方公共団体が負担する資金援助を受けることができる。

2006年（平成18年）には、有機農業の推進に関する法律が制定された。この法律も、化学肥料、農薬、遺伝子組換え技術を利用しない農業生産をめざすものである。

さらに、2009年（平成21年）、農地法（1952年・昭和27年）が大きく改正され、同年12月15日から施行された。改正後の農地法は、企業の農業経営参加に対する規制を大きく緩和した。農家の高齢化などさまざまな理由で耕作を放棄している土地が、2005年（平成17年）には38.6万haに達していた*36。この改正により企業が優良農地を借りて事業を展開することが容易になる。遊休地については、雑草が生えて周辺の農地の通風や日照に支障を与えたり、病害中の温床になる。景観は悪くなるし、そのような土地は、絶好の産業廃棄物の不法投棄の場所になっている。このような遊休地を活用する動きができれば、農地法の改正は環境の保全につながる。

経済学では、ある生産者の活動が他の者に影響を与えることを外部性という。その影響には、よいものと悪いものがある。悪い影響の典型は公害である。工場の操業により煙突から有毒物質を排出して周辺住民の健康を害する場合であり、外部不経済という。工場操業者には有害物質を除去することが求められる。それを実行することを、外部性の内部化という。例えば、有害物質を大気や川などにださないようにする装置を費用をかけて備えることである。これとは反対に、棚田に代表されるように、農業生産を行うことにより、他の者に対し、美しい景観を楽しむことができるというよい影響を与える場合がある。これを正の外部性あるいは外部経済という。

棚田の風景
Terraced rice fields Terraces by ruma views
available at https://www.flickr.com/photos/ruma_views/15097100979/
under a Creative Commons Attribution 4.0.
Full terms at https://creativecommons.org/licenses/by/4.0

農業生産活動には、この外部経済がある。棚田を耕作する場合は、耕作者以外の一般の人々は、無償でその美しさを楽しんでいるが、本来は、無償であるべきではなく、楽しむことができる分を経済的に評価して農業生産者に還元すべきではないか、と考えるのである。食料・農業・農村基本法３条には、農業生産活動の多面的機能として、自然環境の保全、良好な景観の形成という、環境そのものに関することがでてくる。それらの機能は、農作物の対価の他に経済的な対価を支払うことの根拠あるいは合理性というものにつながる*37。

持続性の高い農業生産方式の導入の促進に関する法律に基づく、上記のエコファーマーに対する環境保全型農業直接支援対策は、農業生産活動の多面的機能に対する経済支援を具体化しているものと位置づけることができるだろう。それは、農業のよい外部性の価値を認めているから、環境そのものの価値を考えている点で、環境法の問題意識と共通している。

このほか、森林・林業基本法２条は、森林の有する多面的機能のことを規定しており、自然環境の保全、地球温暖化の防止がその機能としてあげられている。

農業の発展ということと環境の保全ということとは、これからも深いかかわりをもち続ける。それぞれの分野において実務についている者、あるいは研究をしている者は、相手の分野における歴史、意識や認識のもち方のようなものをできるだけ根本的なところから理解し合いながら、対話をすすめることが求められる。両者は協力をすることによって社会に対するよりよい貢献をすることができることになろう。

*1　本章は、慶應義塾大学大学院法務研究科2012年秋学期に開設されたオムニバス講座「テーマ演習　農業と法」における講義のための教材としてまとめたものをもとにしている。講座開設と運営にあたられ、環境法の出番をつくっていただいた和田俊憲先生にお礼を申し上げる。
*2　植村振作・河村宏・辻万千子『農薬毒性の事典〔第3版〕』(三省堂、2006年)193頁。
*3　同上同頁。
*4　罰則について、農薬取締法17条1号、19条1号、20条。
*5　罰則について、農薬取締法17条1号、19条2号、20条。
*6　罰則について、農薬取締法18条1号、19条2号。
*7　罰則について、農薬取締法17条1号、19条1号。
*8　回収命令違反の罰則は、農薬取締法17条3号、19条1号、20条。
*9　罰則について、農薬取締法17条1号、19条2号、20条。
*10　農薬取締法12条の2第2項に違反して無許可で水質汚濁性農薬に該当する農薬を使用した罪の罰則は17条4号、19条2号、20条。
*11　日本植物防疫協会編集『農薬要覧』(日本植物防疫協会、2012年)による。①は3頁、②は449頁、③は641頁。
*12　罰則について、肥料取締法36条1号、40条1号。
*13　罰則について、肥料取締法37条1号、40条2号。
*14　農林統計協会編集発行『ポケット肥料要覧』が便利である。2012年(平成

24年）3月発行版では、硝安の生産量は消費量を下回っているが、前年の生産量は4,298トンであり、消費量の4,222トンを上回っていた。

＊15　原田正純『水俣が映す世界』（日本評論社、1989年）90頁の統計による。

＊16　原田正純『水俣病』（岩波新書、1972年）9頁。

＊17　同上2頁、原田正純「水俣病の歴史」原田正純編著『水俣病学講義』（日本評論社、2004年）23-49頁。

＊18　この間の経緯については、坂東克彦『新潟水俣病の三十年—ある弁護士の回想』（日本放送出版協会、2000年）参照。

＊19　水俣病に関する最近の出版物としては、ノーモア・水俣訴訟記録集編集委員会編『ノーモア・ミナマタ訴訟たたかいの軌跡　すべての水俣病被害者の救済を求めて』（日本評論社、2012年）がある。詳しい年表のほか、CDのなかに準備書面などが収録されている。

＊20　罰則について、カルタヘナ法39条1号、45条。

＊21　省略したデータは、品種の具体的名称、申請者／開発者など、官報掲載日。

＊22　富山地判昭和46年6月30日判例時報635号17頁。

＊23　名古屋高金沢支判昭和47年8月9日判例時報674号25頁。

＊24　イタイイタイ病裁判の経緯については、島林樹『公害裁判 イタイイタイ病訴訟を回想して』（紅書房、2010年）参照。

＊25　食料・農業・農村基本政策研究会編著『【逐条解説】食料・農業・農村基本法解説』（大成出版社、2000年）（以下『食料･農業･農村基本法解説』という）296–299頁所収の「（旧）農業基本法の解説　第2節第1款農業基本法成立の背景」。

＊26　武田晴人『日本経済の事件簿—開国からバブル崩壊まで』（日本経済評論社、2009年）330頁。

＊27　レイチェル・カーソン／青樹簗一訳『沈黙の春』（新潮社、1964年）（新潮文庫版もある）。

＊28　同上12-13頁。

＊29　中西準子『環境リスク論』（岩波書店、1995年）198頁。

中西は同書4頁において、「環境リスクとは、“環境への危険性の定量的な表現で、『どうしても避けたい環境影響』の起きる確率で表現される”と定義できる」と述べている。つまり、環境リスクは定量的な発想である。これを式にすると次のようになる。

「環境リスクの大きさ＝どうしても避けたい環境影響の大きさ×その発生確率」

こうして環境リスクの大きさを定量的表現をすることができる。このような考えをとらないと定性的表現になる。例えば、ある数値をもって安全である基準と定め、それを超えると危険、超えなければ危険ではない、という二者択一の決め方である。

＊30　生物多様性政策研究会編『生物多様性キーワード事典』（中央法規出版、2002年）38頁。

＊31　同上同頁。

*32　Agricultural Agreement in Uruguay Round. 日本がガット（General Agreement on Tariffs and Trade、1948年（昭和23年）発効、WTO設立1年後の1995年（平成7年）末廃止）に加わったのは、1955年（昭和30年）である。

*33　武田・前掲注26　334頁。

*34　前掲注25　『食料・農業・農村基本法解説』「はじめに」の冒頭。

*35　OECDリポートにおける農業の多面的機能の扱いについては、OECD（空閑信憲ほか訳）『OECDレポート　農業の多面的機能』（食料・農業政策研究センター、2001年）参照。

*36　2005年の農林業センサス。

*37　梶井功『WTO時代の食料・農業問題』（家の光協会、2003年）113-114頁。農林業の環境評価全般については、浅野耕太『農林業と環境評価―外部経済効果の理論と計測手法』（多賀出版、1998年）参照。

あとがき

この本で私は、この世の中におられる、視覚としては環境をとらえられないと思う方、認知症になっている方、そして、ハンセン病であった方、そういう方々の１人１人の声をきくところから、環境法は考えはじめていくものでしょう、といっています。

法というものは、放っておかれ、知らないうちに、みすてられてきた人のためにあります。まず、そういう人たちの置かれているところを、すこしでもよくする、そういうところにこそ法はつかわれるものです。

それは、環境についての法でもおなじです。

余裕がすこしはあると感じている方に、そこまでなかなかいけないでいる人の環境というものを考えてほしいと思っています。

そのために、これまで環境をめぐって起きてきたできごとをふりかえったり、環境のおおもとになるような法律にもふれ、そして、動物が裁判を起こす、というような例もとりあげました。

そうして社会をみてみると、日本では高齢化がすすむ一方、街では海外からこられた方々が、日に日にふえている、という実感があります。世界をみれば、移民の方々のことを考えないでいることはできません。

とらわれのない、くもりのない眼でものごとをみるということが、ますます大切になってきています。

これまであたりまえに思ってきたことにとらわれていては、とても対応できないでしょう。じぶんの頭で考えるということが、これほど求められている時代があったでしょうか。

この本を手にとってくださった方が、みんながそういっているけれど、本当はどうなのか、どうすれば本当のことがわかるのか、そこからなにを考え、これからどのように生きていったらいいのか、そんなふうに考えるようになってほしいと思っています。

そして、それは、会社や企業にさまざまなかたちでかかわっておられる方についてもおなじです。

II巻では、会社や企業が、環境というものとどのようにかかわっていったらよいのか、その手がかりになるようなことのうち、とくに大切なこととはどういうことなのか、ということを考えていきます。

この本を読んでくださった方が、環境法について、自分で考えるということを、いっそう深めていただきたいと願っています。

著　者

索　引

あ行

か行

さ行

た行

な行

は行

ま行

や行

ら・わ行

欧文

I巻　初出一覧

序　章　環境法の考えかた
「豊島事件における環境紛争解決過程(1)」法学研究 75巻6号（2002年）1頁以下第1章を元に改稿および加筆書き下ろし

第1章　ユニバーサルデザインの環境法
「環境と経済(12)　ユニバーサルデザインの環境法」慶應法学 30号（2014年）137頁以下

第2章　そううつ・うつと環境法の問題
書き下ろし

第3章　認知症の人に向ける環境法の目
「環境と経済(13)　認知症の人に向ける環境法の目線」慶應法学 33号（2015年）221頁以下

第4章　ハンセン病と環境法
「ハンセン病と環境法」法学研究 88巻12号（2015年）1頁以下

第5章　基本法を創るもの 基本法が創るもの
「環境と経済(1)　基本法を創るものと基本法が創るもの」慶應法学 7号（2007年）563頁以下

第6章　生活環境から環境一般へ
「環境と経済(2)　生活環境から環境一般へ」慶應法学 11号（2008年）283頁以下

第7章　環境の保全——基本理念における環境と経済
「環境と経済(5)　環境の保全についての基本理念における環境と経済」慶應法学 17号（2010年）1頁以下

第8章　アマミノクロウサギ訴訟——開発者と反対者との対話
「環境と経済(8)　開発者と反対者との対話」慶應法学 21号（2011年）59頁以下

第9章　農業と環境を考える視点
「環境と経済(10)　農業と環境を考える視点」慶應法学 26号（2013年）133頁以下

＊本書所収にあたって一部表記をあらためたが、法令、条文、引用・参照文献、各種データなどについては、原則として掲載当時のままとさせていただいた。

【著者紹介】
六車　明（ろくしゃ あきら）
1952年東京生まれ。慶應義塾大学大学院法務研究科（法科大学院）教授。弁護士（京橋法律事務所）。専攻 環境法。趣味 フルート演奏。
1975年慶應義塾大学法学部卒業、1976年同大学大学院法学研究科修士課程民事法学専攻退学。同年司法修習生（30期・東京4班）。1978年東京地方裁判所判事補、1982年高松家庭裁判所判事補兼地方裁判所判事補、1985年東京地方検察庁検事法務省刑事局局付検事、1988年外務事務官（国際連合局）併任（ILO第4回公務合同委員会〔ジュネーブ〕政府代表顧問）、1989年東京地方裁判所判事、1991年仙台地方裁判所判事、1995年東京地方裁判所判事東京高等裁判所判事職務代行、1997年東京高等裁判所判事、1998年東京地方検察庁検事総理府公害等調整委員会事務局審査官、1999年東京高等裁判所判事。同年慶應義塾大学法学部助教授、2002年同大学法学部教授、2004年から現職。2014年弁護士登録（第二東京弁護士会。環境保全委員会・環境紛争制度部会所属）。
日米法学会評議員、環境法政策学会理事。日本私法学会、東北法学会、LAWASIA（個人会員）所属。
その他、1999年WWFジャパン（公益財団法人世界自然保護基金ジャパン）事務局特別顧問（～現在）、2002年法務省政策評価懇談会委員（～2014年）、2009年独立行政法人環境再生保全機構契約監視委員会委員（～2015年）を歴任。

環境法の考えかた I
――「人」という視点から

2017年3月30日　初版第1刷発行

著　者――――六車　明
発行者――――古屋正博
発行所――――慶應義塾大学出版会株式会社
〒108-8346　東京都港区三田2-19-30
ＴＥＬ〔編集部〕03-3451-0931
〔営業部〕03-3451-3584〈ご注文〉
〔　〃　〕03-3451-6926
ＦＡＸ〔営業部〕03-3451-3122
振替 00190-8-155497
http://www.keio-up.co.jp/
装　丁――――鈴木　衛
印刷・製本――株式会社加藤文明社
カバー印刷――株式会社太平印刷社

Printed in Japan ISBN978-4-7664-2404-1